U0111093

新雅文化事業有限公司
www.sunya.com.hk

大開眼界小百科

**體育運動知多少**

作者：朱麗亞．卡蘭德拉．博納烏（Giulia Calandra Buonaura）、
瑪莉亞．諾維拉．帕薩可利亞（Maria Novella Passaglia）
插圖：亞哥斯提諾．特萊尼（Agostino Traini）
翻譯：陸辛耘
責任編輯：胡頌茵
美術設計：何宙樺
出版：新雅文化事業有限公司
香港英皇道499號北角工業大廈18樓
電話：(852) 2138 7998
傳真：(852) 2597 4003
網址：http://www.sunya.com.hk
電郵：marketing@sunya.com.hk
發行：香港聯合書刊物流有限公司
香港新界大埔汀麗路36號中華商務印刷大廈3字樓
電話：(852) 2150 2100
傳真：(852) 2407 3062
電郵：info@suplogistics.com.hk
印刷：中華商務彩色印刷有限公司
香港新界大埔汀麗路36號
版次：二〇一七年七月初版
二〇二〇年八月第二次印刷


ISBN：978-962-08-6865-8

Published by arrangement with Atlantyca S.p.A.
Original Title：Sport E Giochi
Text by Giulia Calandra Buonaura, Maria Novella Passaglia
Original cover and internal illustrations by Agostino Traini
18/F, North Point Industrial Building, 499 King's Road, Hong Kong
Published in Hong Kong
Printed in China

## 嘿！你準備好跟我一起去旅行了嗎？

在這趟旅程中，我貓頭鷹導遊將帶你一起去逐一看看各種有趣的體育運動：我們會從豐富多樣的體操開始探索，然後去細看武術運動，再到泳池裏好好放鬆一下。接着，我們還會看看馬術比賽，然後在滑雪場上盡情地飛馳。最後，我們會召集一羣伙伴，分別進行足球、排球和籃球比賽。你最想看哪一種球類比賽呢？一起看看吧！

如果你覺得我的講解有些複雜，那就請你仔細看看插畫，你會發現一切都變得容易許多。為了幫助理解，我還把難懂的詞語變成了紅色：如果你遇到這樣的詞彙，而你不知道它的意思，就請翻到「詞彙解釋」這一頁上去尋找答案。

另外，在看完每一章後，我們都可以稍作休息，利用末尾的圖或提示文字回顧一下旅程中的一些重點。

祝你旅途愉快！

# 目錄

# 體操

看看下面的這些小伙伴們，他們在做什麼呢？沒錯！他們正在做體操！

這種體操運動叫做「自由操」，需要身體的各個部位互相協調，以完成不同的動作。有些動作是站着做的，有些則需要你坐下或者躺下來做。

雖然做完體操動作後會有點累，可是你一定會覺得舒展了筋骨，精神爽利，渾身充滿了能量！

不過，體操這項運動可不只有一種。它的種類很豐富，而且全部都很有趣呢！你想知道更多有關體操運動的知識嗎？那就快跟我來看看吧！

體操是世界上最古老的運動之一，據說是希臘人在二千五百年前發明的。你知道嗎？最初，人們都是光着身子做體操的呢！體操（gymnastics）一詞源於古希臘文（gymnastike），指裸體技藝，也就是「不穿衣服」的意思。

在希臘時代，體操是人們為了保持身材而專門進行的訓練，只有在古希臘的競技訓練場才能學到。你一定想不到，在競技訓練場內，還會教授音樂和文學！事實上，那時的人們認為，有健全的身體才能有健全的精神。也就是說，對身體的教育和對心智的教育應該是同樣重要的。

公元四世紀時，由於蠻族入侵，戰爭變得越來越頻繁。漸漸地，體操成為了一種軍事訓練，並由此誕生了馬上比武和射箭比賽。

直到十九世紀，體操才演變為一種娛樂活動，也就是我們今天所指的運動項目。你知道嗎？體育運動「sports」這個詞來源於古時候的法語「desport」，意思就是「娛樂」！

### 貓頭鷹告訴你

大約四千年前，在克里特島上有一個叫米諾斯的民族，他們在這裏發展出著名的歐洲古代文明。當地的壁畫文物中，顯示了米諾斯人曾經流行一種十分危險的體操運動——跳牛：男人會想方設法地激怒公牛。當公牛靠近時，他身旁的女人就會抓住牛角，然後翻筋斗跳上牛背。

簡單地說，體操就是指運動員要完成一系列的動作，不論男女都可以參加。不過，這項運動對運動員的各方面都有着較高的要求，包括力量、優美性、柔韌性與協調性。現在，體操訓練和比賽通常在體育館裏進行，因為那裏有完備的器械和寬闊的場地。

現代的體操可分為五大類，包括：競技體操、藝術體操、技巧體操、普及體操和彈網。

競技體操分為男子體操與女子體操。在不同的項目中，運動員都必須準確地完成一系列的動作和姿勢。

在男子體操中，有一項非常講求力量的項目——吊環。吊環距離地面255厘米，而體操運動員必須在吊環上完成不同的動作，包括擺動、轉體、懸垂，甚至要在吊環上，以頭上腳下的倒立姿勢來支撐起整個身體！

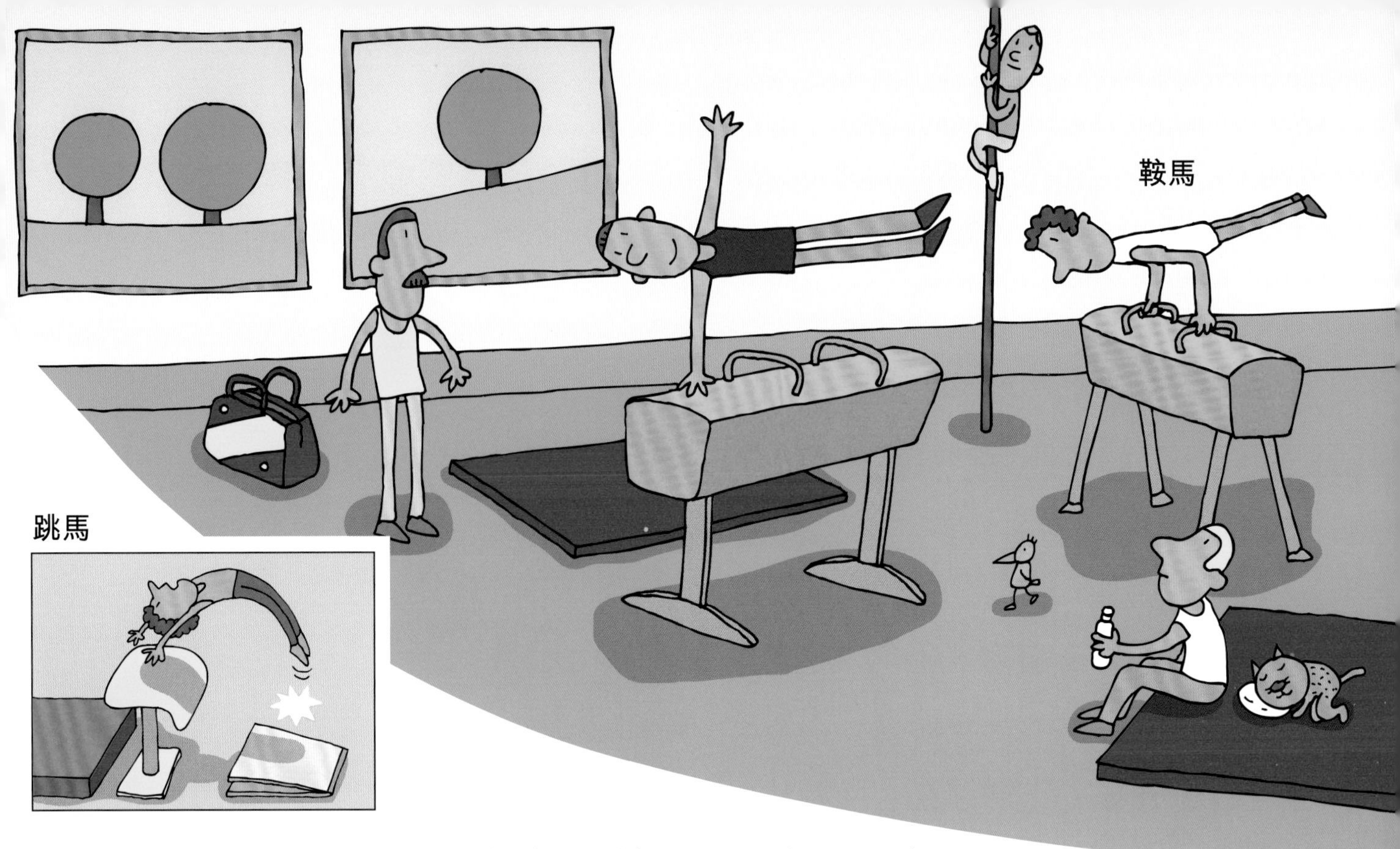


鞍馬是另一個緊張刺激的體操項目，但是只有男子體操設有這個比賽項目。鞍馬高115厘米，上面裝有兩個金屬把手。體操運動員必須用手緊握它的把手，敏捷地擺動雙腿，在鞍馬上騰空，完成不同的交叉和迴旋動作。也就是說，他的身體不可以碰到器械，哪怕是輕輕掠過也不行！

除了鞍馬之外，還有另一個類似的項目，那就是跳馬。在男子和女子體操中都設有這個項目。運動員先要助跑一段距離，然後踏在彈簧踏板上——只聽「啪」的一聲，他的雙手已經支撐在馬上，並迅速完成了漂亮的跳躍和翻騰動作！

**貓頭鷹告訴你**

在完成體操之後，記得一定要進行伸展動作，也就是鬆弛運動。因為這些動作可以幫助你伸展和鬆弛綳緊的肌肉，以減低肌肉痠痛的機會，還可以提高身體的柔韌性。

在女子體操中，有許多不同的項目，當中有很多比賽也很緊張刺激。當你在現場觀看一場高低槓的比賽時，一定會緊張得喘不過氣來！高低槓是女子體操比賽項目，也是這項運動要用的器械。它主要由兩根木杆組成，並用鋼索固定在地板上，它們相互平行，但是高度不同：高槓距離地面230厘米，低槓距離地面150厘米。兩根槓的間距是140厘米。女運動員必須在高槓和低槓之間來回翻騰、擺動，以完成不同的動作，看起來就像是凌空飛躍一般！

除了高低槓，平衡木也是一個高難度的體操項目。這項運動需要的體操器械，是一根高125厘米，寬10厘米，長5米的木頭。運動員必須在一根這麼窄的木頭上做出一系列跳躍、舞蹈、轉體及空翻等動作。

和競技體操不同，藝術體操的比賽只能由女性參加，而且沒有規定動作，可以分為個人或小隊比賽。

藝術體操就像舞蹈一樣，所以動作的優美性和協調性尤其重要。

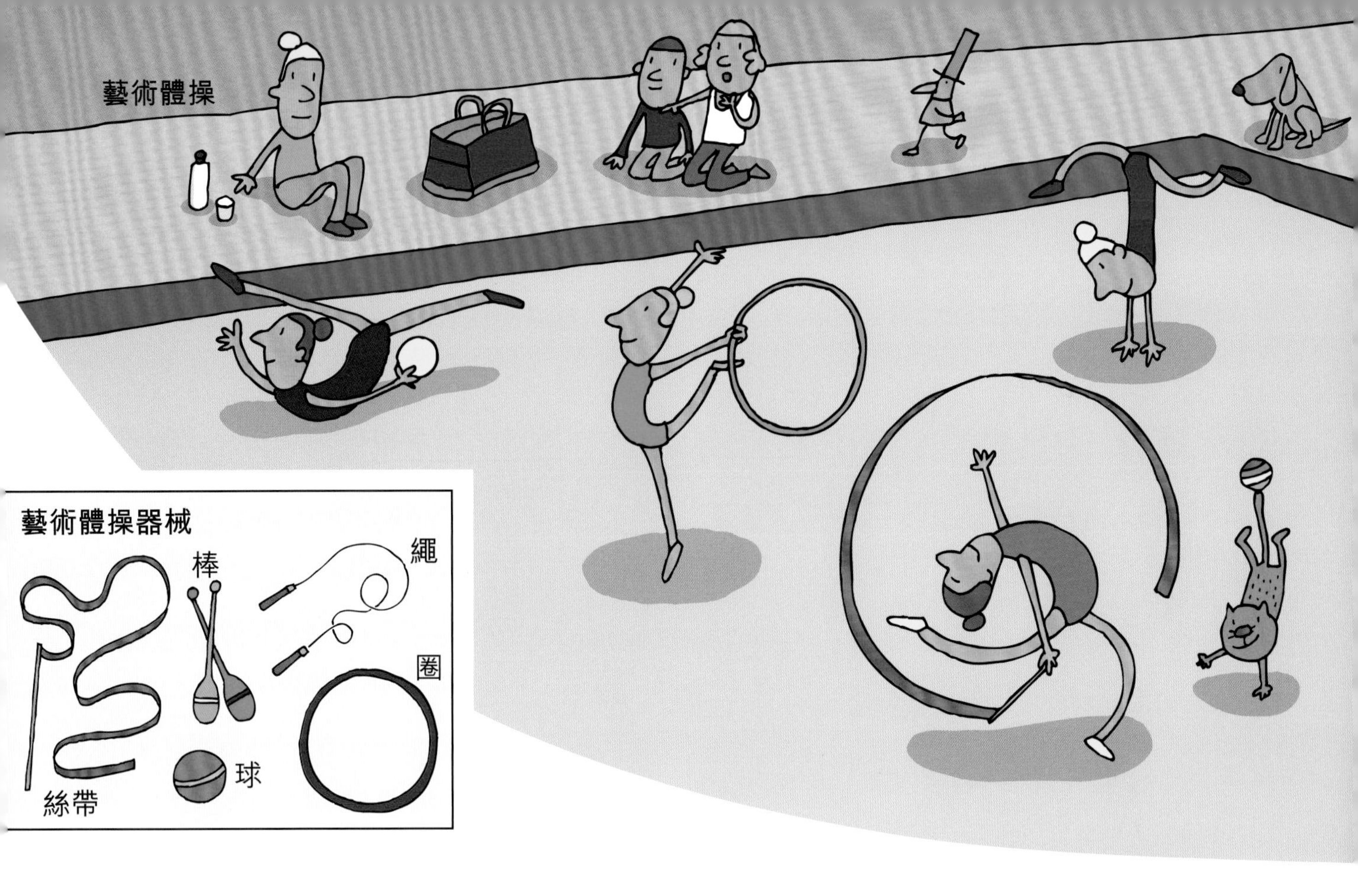


藝術體操是一項徒手或手持輕器械，在音樂伴奏下進行的體育運動項目。藝術體操中的器械有：繩、圈、帶、球和棒。運動員需要按照規則把各種器械的動作組合起來，編排出一套舞蹈動作，並運用一種器械來完成。和競技體操中的自由操一樣，藝術體操也在會在鋪設了特殊地墊的場地上進行。這種地墊由富有彈性的海綿橡膠物料製成，讓運動員可以更輕鬆地跳躍，同時可減少受傷的機會。

**貓頭鷹告訴你**

你知道嗎？體操也可以用來幫助治療病症呢！有些專門體操動作可以幫助治療，稱為「治療體操」；還有一些動作則能矯正體骼，例如讓骨折的腿腳回到原位！

健美體操源自健康舞，是一種結合了有氧運動、基本步伐及難度動作的運動。

踏板是健美體操最常使用的器械之一。在音樂的伴奏之下，你必須不停重複一組又一組的動作。踏板就像一個「梯級」，寬40厘米，長1米，高10至25厘米，可以自行調節高度。跳踏板操時，我們必須根據音樂的節奏上下踏板。

此外，室內健身單車是另一種健美體操，以固定在地面上的單車作為器械。起初，它只是作為公路單車比賽的一種熱身方式，而現在，它已經成為了一項真正的運動！這種訓練通常以小組為單位，教練會根據音樂的節奏決定隊員踩踏板的速度。

這類健美體操對心肺系統尤為有益，參加訓練的主要是成人。

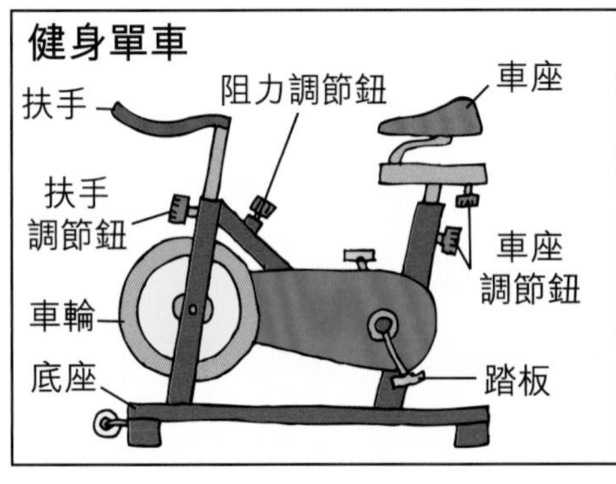


體操運動好處多，不但可鍛煉體能，提高肌肉的力量和耐力，幫助你保持身材，釋放壓力，並讓你認識許多新朋友：別忘了，體操可是一個超級好玩的遊戲！

**貓頭鷹告訴你**

彈網也是體操的一種形式，運動員在彈網上做出一系列優美而高難度的翻騰和技巧動作，比如……翻筋斗！這項運動誕生於美國。最初，彈網是用來保護馬戲團雜技演員的安全。後來，在十九世紀，美國人把它改良成一項充滿娛樂性、受大眾歡迎的運動。

現在就讓我們回顧一下體操運動有哪些重要的特徵。你懂得回答以下的問題嗎？說說看。

1 從前，哪個地方的人發明了類似體操的遊戲呢？

2 人們通常是在哪裏進行體操訓練的呢？

3 除了柔韌性和協調性，競技體操還有哪些要求呢？

❹ 競技體操的項目除了吊環，高低槓，還有……

❺ 藝術體操是在什麼場地上進行的呢？

❻ 要進行健美體操訓練，除了耐力，還需要注意什麼呢？

# 詞彙解釋

**馬上比武**

一種精彩刺激的比賽，參賽選手必須穩穩地騎在馬背上，將長矛投向靶心或目標。

**柔韌性**

指身體動作的靈巧程度。柔韌性強的人可以完成許多高難度的動作。

**協調性**

同時作出兩種以上的動作，並不斷重複。

**體操運動員**

從事競技體操或藝術體操的運動員。

**棒**

藝術體操的器械，長約40到50厘米，形狀像瓶子，棒身兩頭較重，中間的柄子幼細。運動員可將棒拿在手中旋轉，或把它拋向空中然後接住——就像雜技演員那樣！

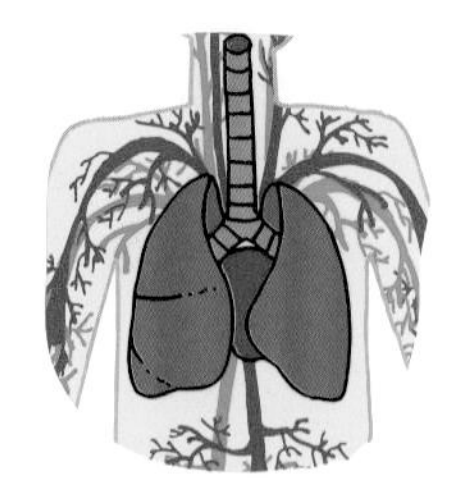

**心肺系統**

我們身體的器官，包括肺部和心臟。肺是負責幫助我們呼吸的器官，而心臟則負責血液的輸送，就像是我們身體的馬達。

# 武術

大家快來看看，下面圖中的人們都穿上了白色的衣服，正在做出一些奇怪動作，到底他們在做什麼呢？

看起來，好像是在跳舞。

其實，他們正在進行一項運動——一項源自東方的古老運動。

你想知道他們在進行什麼運動嗎？那就趕快翻到下一頁，跟我一起出發前往亞洲吧。那裏可是事情開始的地方……

最初，武術是源自亞洲古代的軍事用途。在大約三千多年前的中國和日本，有一羣優秀的戰士，發明了一些搏擊技術。這些搏擊動作很特別，看起來就像是在戰鬥中起舞。

大約五百年後，這些搏擊技術受到佛教和儒家思想的深刻影響，融合了它們的一些理念，人們開始認為心智的力量比身體的力量更加重要。於是，這些搏擊技術從軍事武力融入了生活，變成了一種生活方式與思維方式。

到了中世紀時期，僧侶和武士又提升了這些搏鬥技巧。在掌握了這些搏擊技術之後，哪怕赤手空拳，他們也能打倒敵人。

電影中的李小龍

在西方，直到二十世紀中期，也就是兩次世界大戰之後，那裏的人才慢慢對中國和日本文化有了一些了解，開始認識武術。

大約三十年前，中國武術一下子在世界各地流行起來，而背後的功臣，居然是……電影！當時，香港有一位了不起的武術明星，名叫李小龍。由他主演的動作電影，每一部都取得了巨大的成功。於是，武術漸漸在美國變得廣為人知，隨後又相繼在世界上的其他地方掀起了一片熱潮。聽起來真是令人難以置信！

**貓頭鷹告訴你**

你知道嗎，從前的人想要學武術可並不容易呢！因為武術家是不會輕易將自己的技術傳授給他人的，只有那些最具潛質、優秀的人才能學到他們的技術與知識。

武術家植芝盛平

那麼，到底什麼是武術呢？武術「martial art」這個英文詞語源於戰神瑪爾斯的拉丁語名字「Mars」，它包含了和戰爭有關的意思。

武術是一種體育運動，運用拳腳或器械做出各種攻擊和防禦動作，也是一門技術。

武術中的搏擊動作按照一定規則組成。初學者必須首先學習基礎的動作，才能與人對打。因此初學的時候，並不需要面對對手。當學習了一系列有序的攻防動作之後，就要想想如何應付敵人。當敵人就在你面前，看起來很兇惡，而你就要儘快把他擊倒在地上！

一些經過多年訓練的武術家，可以完成令人難以置信的雜技一般的高難度動作。而那些武術家之間的格鬥，一定會讓你看得目瞪口呆。在世界上最知名的武術家中，有一位名叫植芝盛平，他是合氣道的始創人，終身從事武術運動！

不過，可別以為武術只能用來強健體魄，提高身體的抵抗力。要知道，這項運動也很重視自身動作的協調性，同時還鍛煉身心，學習許多重要的價值觀，比如勇氣和對他人的尊重。

此外，如果你想參與武術運動，那麼還需要進行精神集中的訓練。而且，呼吸練習同樣也是必不可少的。

好了，現在就跟老師一起來吧。1，2，3……跟着老師好好做，說不定哪天，你也會成為一名武術家呢！

**貓頭鷹告訴你**

你知道嗎？中國武術源遠流長，博大精深，其中世界知名的武術門派有：少林功夫、洪拳、詠春等。中國武術主要內容包括搏擊技巧、格鬥手法、攻防策略和武器使用等技術。習武時，人們總不免會有傷患，有些武術家會學習醫治傷患，探究人體經絡骨骼，因此武術也啟發和促進了古代醫學的發展，例如中醫技術：針灸。

現在，還是讓我們來看看武術這項運動中一些有趣的知識吧。

「柔道」（Judo）是日本的傳統武術，在日語中的意思是「溫柔的方式」，是一種徒手進行搏擊的運動，這種運動的目標在於有技巧地「以柔制剛」，使對方失去平衡，然後將他摔倒在地，從而戰勝體型高大而強壯的對手。

初學者先要學習如何摔倒和打滾，那就會懂得怎樣保護自己，減低受傷的機會。接下來要學習掌握平衡技巧：這樣才不會被對手輕易摔倒在地上。

柔道比賽時間現已統一為四分鐘。從前，柔道是在道館裏的「榻榻米」地墊上進行；現今的柔道比賽則會在鋪上了柔軟的地墊上進行。在比賽開始之前，選手必須先向對手鞠躬致意。要知道，柔道運動員很注重禮儀的呢！

而「空手道」是另一門日本傳統武術。和柔道一樣，這也是一種自衛的技巧，打鬥時沒有武器，赤手空拳。那麼，空手道的對決是怎樣進行的呢？一場對決分為好幾個回合，每回合持續三分鐘，由一方進攻，另一方進行阻擋或躲避，到了下一回合，防守的一方再進行反擊，以此類推。

在發動進攻前，空手道運動員都會發出一記響亮的叫聲，聽起來真讓人害怕！其實，這麼做是為了釋放能量，同時也是為了激發全身的力量！

柔道和空手道的服裝十分相似，都是寬鬆的上衣及長褲，稱為「道袍」，而且都用結實的棉布做成，因為這樣，衣服就不會在激烈的比賽中被撕破了。此外，選手的腰間還會束上一根顏色帶子，表明選手的級別：白色代表初學者，接着是黃色、橙色、綠色、藍色、棕色，最後是黑色，象徵大師級別。

**貓頭鷹告訴你**

你能想像嗎？空手道選手的訓練方式，還包括徒手劈磚呢！這方面的紀錄由一位芬蘭人保持。光用一個拳頭，他就擊碎了11塊疊在一起的混凝土！

少林僧人對抗武裝匪徒

功夫中的五種神獸

要說中國武術，那一定得提到「功夫」，俗話說：「天下功夫出少林」。功夫由馳名中外的少林寺僧人發明，起初是為了對抗不斷騷擾他們的山林猛獸和匪徒強盜。

功夫是一種近身格鬥技術，講求速度與靈敏度。最初，有不少功夫的招式其實都是在模仿動物的動作：像老虎一樣揮舞爪子，像獵豹一樣跳躍，像仙鶴的尖嘴一樣戳對手。

要知道，武術不僅僅是一種格鬥技巧，還能強身健體，學習不同的價值觀，修養身心，所以在火藥得到發明和普及之後，它仍能流傳後世。

而現在，隨着時間的流逝，它已經成為這些亞洲國家的文化縮影。

在今天，人們學習武術的原因有很多種：強身健體、運動身心、進行冥想禪修，或僅僅是為了熟悉自己的身體。武術是一套相當完整的鍛煉方法，因為它發展出一系列的套路動作，鍛煉身體不同部分的肌肉，幫助強健體魄，適合所有人學習，包括婦女和兒童。

所以，你還在等什麼呢？趕快和大家一起，盡情投入到充滿魅力的武術天地去吧！

**貓頭鷹告訴你**

南美洲最流行的武術是卡波耶拉（Capoiera），又稱「巴西戰舞」。這是由巴西的非洲移民所發展的。據說，當年奴隸在逃亡的時候，為了不被人發現，就假裝跳舞。隨着時間的流逝，舞蹈和格鬥技術融合在一起，形成了這樣一種揉合了舞蹈和格鬥技術的獨特藝術。

現在就讓我們回顧一下武術運動有哪些重要的特徵。你懂得回答以下的問題嗎？說說看。

1 武術是什麼時候誕生的？在哪裏誕生呢？

2 哪個電影明星推動了世界的武術熱潮，讓中國武術在西方流行起來了呢？

3 武術不只是一種格鬥技巧，還是……

❹ 在柔道比賽中，怎樣才算獲勝呢？

❺ 空手道運動員通過什麼方式來集中身體的全部力量呢？

❻ 哪一種武術模仿了動物的動作呢？

# 詞彙解釋

**佛教**

世界上重要的宗教之一，起源於古印度，由佛祖釋迦牟尼創立，後來成為許多東方國家信奉的宗教。

**儒家思想**

中國偉大的哲學家孔子提倡的政治、宗教等方面的思想。

**雜技**

各種表演技藝的總稱，例如表演平衡的人做出高難度動作，能讓觀眾看得目瞪口呆。

**柔道運動員**

從事柔道的運動員。

**空手道運動員**

從事空手道的運動員。

**禪修**

為尋求事物真相和道理而進行的深刻思考。

# 游泳

請仔細觀察下面的圖片。你知道圖中的人們正在做什麼嗎？

沒錯，他們正在游泳！游泳可是一項有趣的運動，而且對身體非常有益。從前的人會在湖泊、河流，還有大海裏游泳；而現今游泳池則成為了人們暢泳的好去處，它也成為了舉辦游泳比賽的場所。

如果你也喜歡游泳，並想知道更多關於這項運動的知識，那麼就趕快和我一起，開始一場有趣的旅程吧！

在遠古時代，游泳是一種求生的技能，人們為了捕魚覓食、渡河，便嘗試學會在水中飄浮和以各種姿勢划水前進，漸漸形成「游泳」的動作。雖然人們無法考證游泳運動始於何時，但是，從很多史前的壁畫文物中，我們都可以看到有關游泳動作的記載，這證明了游泳有相當久遠的歷史。早在大約四千五百年前，埃及人就已經在尼羅河裏嬉戲玩水了！古希臘人呢，則把游泳視為一項極其重要的運動。在他們看來，對一個年輕人，尤其是一名士兵來說，游泳是一種必不可少的技能。如果被人評價為「既不會跑步，也不會游泳」，那絕對是莫大的恥辱。

在古羅馬也存在着一種相似的說法：如果一個人沒什麼能力，那麼大家就會說他「既不識字，也不會游泳」。

到了中世紀時，社會上忽然沒人進行這項運動了。這是因為，在當時的人們看來：把身體浸在水裏是有害健康的，甚至可能導致嚴重的疾病。

直到1830年，游泳才重新受到人們的重視，因為當時的英國人開始大規模興建室內泳池。幾年後，世界上第一個游泳協會——國家游泳協會在倫敦誕生了，而最早的游泳比賽，也是在那個時候開始的，可以說這裏是游泳運動發展的先驅。從此以後，游泳就有了具體的規則，並成為了一項運動競賽，漸漸在歐洲國家流行起來。1896年，游泳成為了雅典奧林匹克運動會中的正式比賽項目之一。1908年，國際游泳聯合會於英國成立，成為了世界性的游泳組織。

**貓頭鷹告訴你**

游泳也是一項訓練耐力，充滿挑戰的運動。1988年，當時年僅11歲的英國人湯馬士．格里高利（Thomas Gregory）由法國出發游泳到英國，他只用了11小時54分鐘就完成了橫渡英吉利海峽的壯舉。

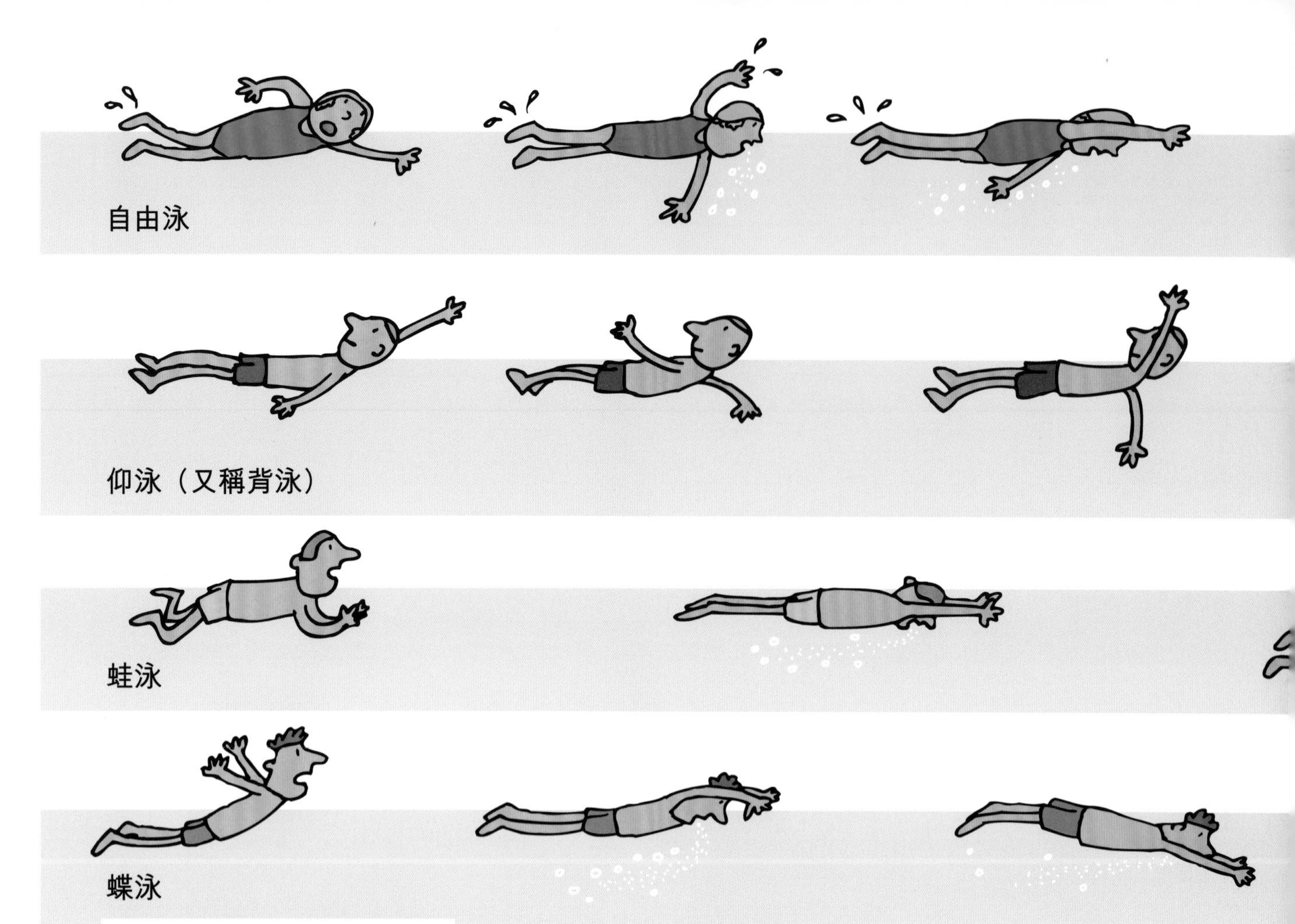

游泳是一項有益身心的運動，人人都可以參加，而且容易學會。今天，游泳已經成了世界上最流行的運動之一。

游泳是一種全身運動，能夠鍛煉到身體上的所有肌肉。這種運動的基本原理，就是通過雙臂和雙腿的動作，使身體在水中推進。經過多年的發展，游泳漸漸發展出四種不同的基本技術，包括：自由泳、蛙泳、仰泳和蝶泳。

自由泳是最容易學會的基礎泳式，也是各種游泳姿勢中速度最快的泳式。自由泳的動作是要把身體俯卧在水中，身體成流線型，雙腿上下交替地踢水，兩臂輪流划水。要注意，當頭部轉向側面時，應該吸氣；當頭部轉向水中時，應該呼氣。這一系列的動作重複進行。

蛙泳，顧名思義就是一種模仿青蛙在水裏游動的游泳姿勢。而仰泳則是最簡單的：因為游泳時身體仰臥，即肚子朝上，頭部維持在水面較高的位置，臉部露出水面，所以呼吸也就更為自然，是初學者較容易掌握的泳式。蝶泳是最難掌握的一種泳姿，因為它對力量和手腳之間的協調性有着較高的技術要求。

不管怎樣，想要學會游泳，就必須經過反覆的訓練，學習用正確的方式擺動手臂和雙腿，藉以在水中推進。

**貓頭鷹告訴你**

想要浮在水上，只需要在水中仰臥，並挺直背脊，放鬆身體。聽起來是不是簡單得難以置信呢？其實，當我們在水中靜止時，身體不需要用力就能浮起來，因為水的浮力會將身體托起來。

對於競技級別的游泳選手來說，他們每天需要進行長時間的訓練，過程可是相當艱苦的！你能想像嗎，他們每天都要在200個浴缸那麼大的泳池裏游上10至15公里呢！

游泳比賽分為兩種：公開水域比賽和泳池比賽。公開水域的比賽通常在大海進行。現今，泳池比賽更為常見，那就是在一個最少深2米的長方形大水池裏舉行。泳池共分為8條泳道（最多可分成10條泳道進行比賽），每位選手只能在自己的那條泳道裏前進，這樣他們就不會跟旁邊的選手發生碰撞了。而在泳池兩端分別設有起跳台，選手必須站在起跳台上，從這裏跳入池中。

比賽時，選手要按指定的泳式來進行競速，完成規定的距離，例如50米、100米和200米（自由泳比賽還設有400米、800米和1500米項目）。此外，還有混合泳的比賽，選手需要輪流採用四種泳式。除了個人比賽，還有接力比賽項目，也就是四名選手依次在泳池中完成規定的距離。

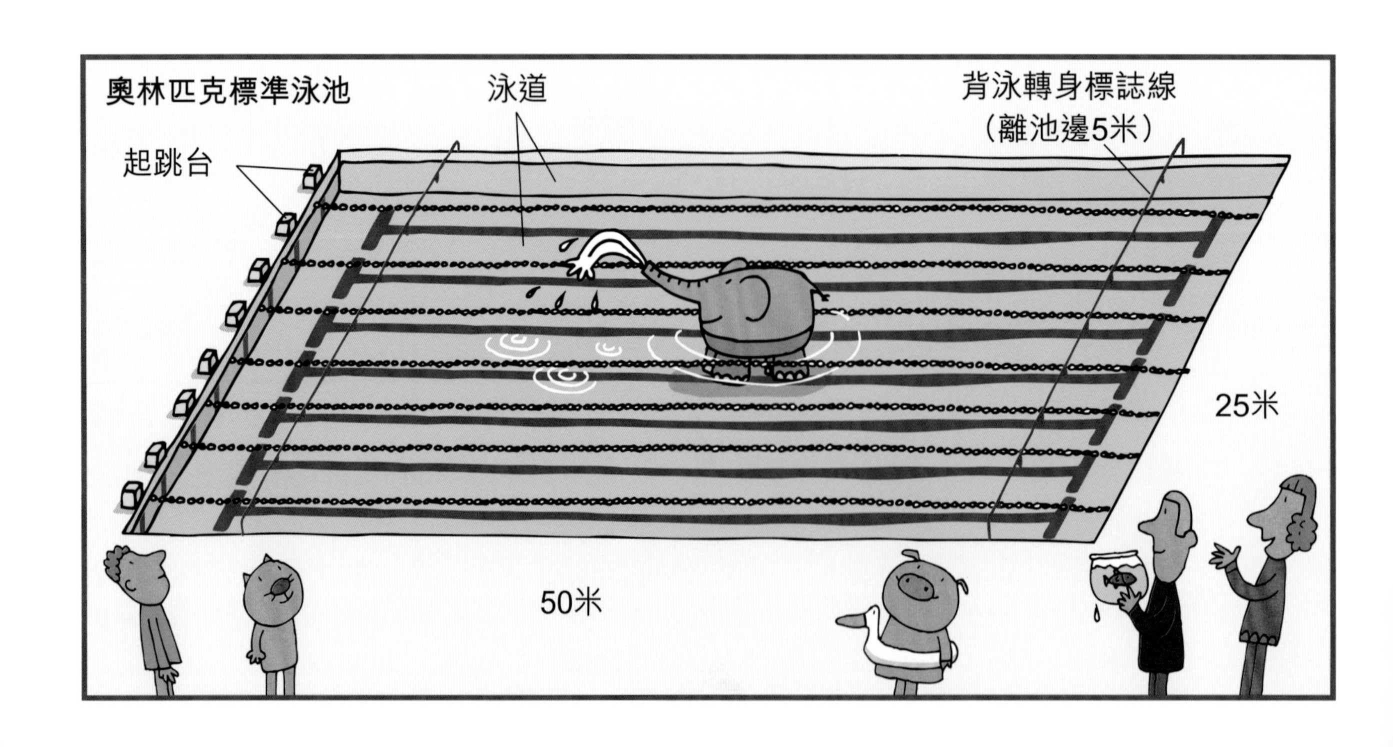

現在，就讓我們來看看100米自由泳比賽是如何進行的吧！

比賽開始前，裁判員會在泳池周圍各就各位。

出發是比賽中的一個重要環節，分為三個階段：首先，總裁判會發出第一次哨子聲，示意選手站在起跳台後；而第二次長哨子聲，示意選手站在起跳台上就位做好出發姿勢；接着，當選手和裁判都準備好的時候，就會示意交由發令員控制出發信號；最後，在聽到槍聲時，選手們便會跳水出發。進入泳池後，他們必須游到盡頭並接觸池壁，然後才進行轉身，也就是向前翻騰，改變方向，接着再按原路游回起點。

游畢全程後，第一個觸碰池壁的選手，就是獲勝者了！要知道，勝負往往就在短短的幾秒之間呢！

**貓頭鷹告訴你**

游泳選手會穿着貼身泳衣來減少水阻力。2000年，人們發明了以光滑的物料和特殊技術製成的高科技連身泳衣——「鯊魚泳衣」。這種泳衣的設計模仿鯊魚的皮膚結構，能引導水流，減少水阻力。後來，在奧運會上的游泳選手都被禁止穿着它比賽了。另外，為了能在水中快速地推進，游泳選手還會戴上泳帽，並在比賽前盡量脱去體毛，令保持皮膚光滑，以減低摩擦阻力。

成為一名游泳健將之後，你還能參加許多其他的水上運動，比如跳水、水球和韻律泳。

跳水是一項精彩刺激的水上運動比賽：運動員在一米或三米高的跳板起跳，或是從十米高的跳台上一躍而下，並在入水之前完成各種高難度、有如體操一般優美的技巧動作，包括翻騰、抱膝、轉體和入水動作等等。每套跳水動作各有不同的難度系數。跳水比賽中最困難之處就是要控制在空中的轉體周數，也就是要在入水前，確保自己的身體要完成指定次數的轉體動作！

水球是一個團體項目，由六名選手組成隊伍參賽，比賽形式類似手球，不過，它是在水中進行的。比賽的目的是將球投入對方的球網，獲得進球。但是，要注意你只能用單手投球！

韻律泳，又稱「水上芭蕾」，分個人、雙人和團體比賽，是一項包含了藝術，觀賞性強的項目。在音樂的伴奏下，運動員在水中做出各種揉合了體操和舞蹈的高難度表演動作。有些韻律泳動作更是從動物的泳姿上得到靈感而創作的，例如海豚和梭魚。

背上氧氣樽潛入海底

游泳並不只是一項運動，它還是一種娛樂活動，能夠給你帶來無窮的樂趣。在泳池或是海裏暢泳，那是多麼愜意呀！你可以和朋友們在水裏嬉戲、翻騰、跳躍。你甚至可以戴上潛水鏡，穿上蛙鞋，一邊進行浮潛，一邊探索奇妙的海底世界！

所以，你還在等什麼呢？要知道，一旦學會了游泳，哪怕長時間不練習，你也不會忘記：這和騎單車是一模一樣的道理！

**貓頭鷹告訴你**

游泳時，我們要注意水上安全，要到有救生員當值的游泳池或泳灘才下水。因為在游泳時隨時可能會發生突然抽筋或溺水的事故，需要救援。而救生員經過嚴格的拯溺和急救等救生訓練，負責協助拯救人命。

現在就讓我們回顧一下游泳運動有哪些重要的特徵。你懂得回答以下的問題嗎？說說看。

❶ 世界上第一個游泳協會是在哪裏誕生的呢？

❷ 現代的游泳運動有四種泳式。除了自由泳、蛙泳、蝶泳，還有哪種呢？

❸ 游泳除了有個人比賽形式，還有……

**4** 除了泳池，游泳比賽還可以在哪裏舉行呢？

**5** 哪種水上運動會在跳板上進行的呢？

**6** 游泳不只是一項競賽運動，還可以是一種……

# 詞彙解釋

**先驅**

第一個或第一批鼓起勇氣、投身於新發現或新研究的人。

**競技級別**

在體育中投入大量時間、能量和精力的職業選手所到達的級別。

**總裁判**

掌控比賽的人。當各個裁判員意見不一致的時候，總裁判需要作出最終決定。

**發令員**

在田徑和游泳比賽中負責下達比賽開始命令的人（可能是鳴槍或者吹哨子），並檢查是否有人搶跑或搶跳等。

**技巧動作**

由運動員在空中完成的高難度動作。

**浮潛**

佩戴面鏡和呼吸管，漂浮在水面上，觀察海底。

# 馬術

呀！你看！這不是出生不久的小馬嘛！噓！別作聲，悄悄地往前走幾步。看見了嗎？牠正在吮吸媽媽的乳汁。牠的腿真細長啊！你看，牠的哥哥們都已經能小跑着玩耍了，還能向空中亂踢亂蹬呢！

你不覺得馬匹很可愛嗎？

要知道，在人類漫長的歷史發展過程中，曾有許多的動物陪伴我們一起生活，而在牠們之中，馬匹無疑是非常重要的一種。

你想看看人們怎樣開創馬術運動嗎？那就趕快讀下去，讓我帶你一起好好認識馬匹，試把自己想像成一匹馬，乘着風的翅膀盡情飛馳吧……

米坦尼王國的馬倌

自古以來，馬在人類的歷史中一直都扮演着重要的角色。

你能想像嗎？現存最古老的馬匹飼養手冊，居然可以追溯到三千多年前！相傳那是在一個馬倌（也就是養馬的人）所寫下的：他是米索不達美亞文明時期的米坦尼人，居住在伊朗高原上。

在古希臘和古羅馬，會騎馬的人總是特別受青睞。最早的騎士可能來自現今俄羅斯地區的某個遊牧部落，那裏似乎也是馬匹最早出現的地方。到了中世紀時，「騎士」的頭銜已經成了貴族的象徵。不過，直到野蠻人入侵之後，人們才意識到馬匹在戰爭中的重要性。

不過，可別以為馬匹只能用來打仗。除了軍事之外，馬在人類的生活各方面均作出了巨大的貢獻，例如農務耕作、交通運輸和經濟發展。但是，自從工業化的機器出現之後，馬匹逐漸失去了大部分的用途。而人類和馬匹之間的關係也不再像從前那樣親密了，於是騎馬漸漸演變成為人類的休閒活動和運動項目。

馬術是指策騎或駕馭馬匹的技術，這種運動最初源於亞洲。到了十五世紀時，歐洲各國皇室開始興起騎馬運動，當時擁有優良血統的馬匹的價格高昂，騎手專業服飾連同各種配備都費用不菲，因此當時馬術運動又被稱為「王者的運動」。

直至二十世紀以後，馬術才開始普及，成為了一項運動項目。

於1900年，馬術終於被列入奧林匹克運動會，成為正式的比賽項目。後來，更漸漸發展出馬術盛裝舞步賽、場地障礙賽和三項賽項目。

**貓頭鷹告訴你**

在歐洲，和馬匹有關的競賽運動，最早可以追溯到古希臘與古羅馬時期的馬車競賽，後來到了中世紀時，則演變為騎士間的馬上比武。

要成為一名優秀的騎手，你必須先認識馬，了解自己的馬匹，才能跟牠好好相處！

馬是草食性動物。牠們的聽覺非常靈敏，耳朵能迅速轉動，捕捉聲音來源：比如主人的聲音會讓牠感到高興，突如其來的噪音則會使牠們受驚。你知道嗎？人們也可以從馬耳朵的姿態來判斷牠的情緒呢！如果馬的雙耳朵聳起，就表示牠感到開心，或對身邊的事物感興趣；如果耳朵向後，就說明牠們感到不開心或害怕；如果耳朵朝向前方，頭也抬起了，則表示牠對事物感到好奇。當牠一隻耳朵向前、一隻向後時，則代表牠感到疑惑。

視覺對馬匹來說也很重要。牠們的眼睛大小是大象的兩倍，而且長在頭部兩側，因此不用轉頭也能看見自己兩側的事物，視野廣闊，但就看不見尾部後方的事物。另外，馬匹的尾巴可以用來驅趕昆蟲，脖子上的鬃毛呢，則能抵禦昆蟲的侵害。

馬匹的三種表情

馬匹的步法主要分四種：「慢步」就好比我們走路，是有規律的步伐，速度不快，但也不費力；「快步」類似於小跑，速度大約有每小時2公里（如果是我們人類，得快跑起來才能達到這個速度）；而「跑步」則是三節拍的交替的步伐，最後「快跑」是馬最快的步伐，一旦飛跑起來，馬匹的速度能達到每小時40公里，足以和一輛摩托車媲美！當然，馬匹也會高高躍起，不過只有在需要的時候牠們才會這樣。在這個過程中，馬匹會以極快的速度改變重心，所以騎手必須非常小心，否則很容易從馬上摔倒。

**貓頭鷹告訴你**

馬是一種膽小又敏感的動物，我們要記住不要從正面靠近一匹馬，以免令牠受驚而引起危險。因為馬的雙眼長在頭部的兩側，所以從側面看事物才會更清楚！如果我們從馬匹的前方靠近牠，牠需要先用兩隻眼睛進行聚焦，然後轉過頭，用一隻眼盯着你看才能觀察清楚情況呢。

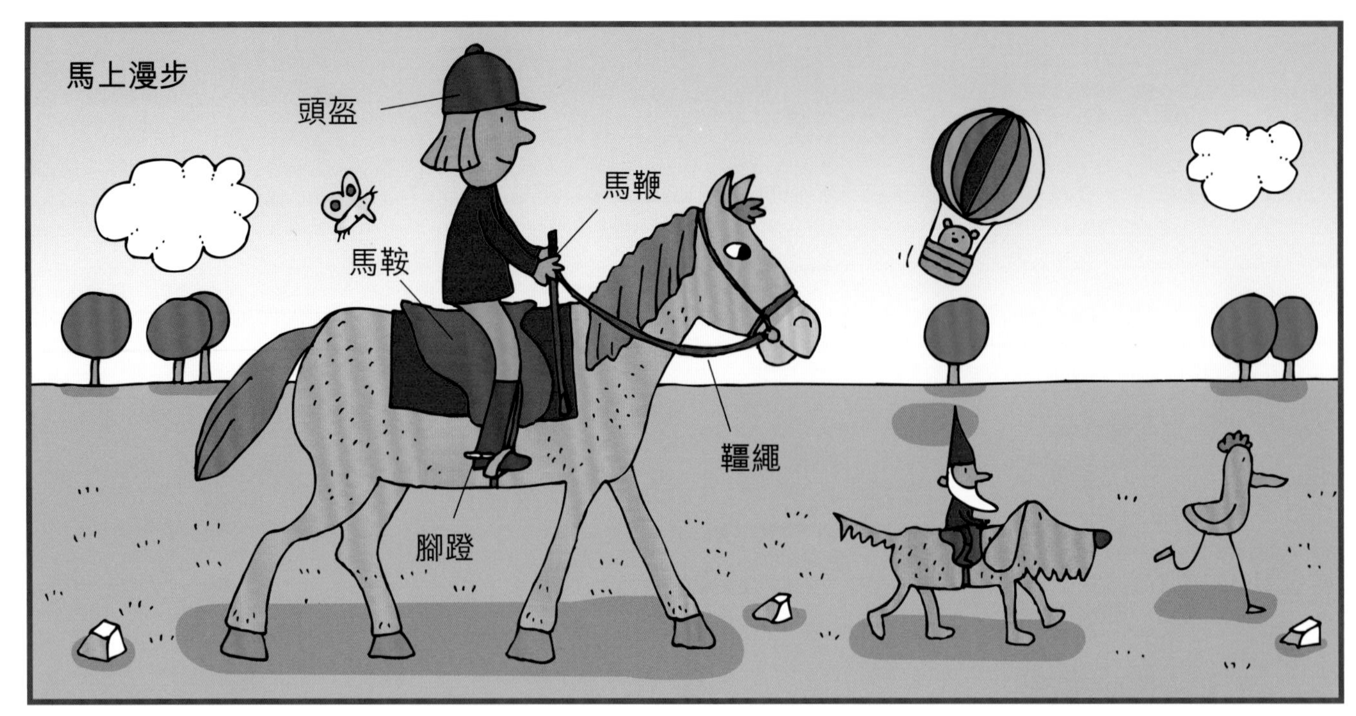


給馬兒的獎勵

在上馬的時候，一定要以正確的方式坐在馬鞍上。這不僅是為了保持平衡，也是為了和馬匹建立親密的關係，從而更好地控制牠。

可是，怎樣才能讓馬匹聽話呢？通過雙腿和拉着韁繩的雙手，我們能告訴馬匹該去什麼方向；通過腳蹬和馬鞭，我們也可以讓牠前進。在你騎上馬匹之前，一定要記得戴上頭盔來保護頭部，防止受到撞擊。

在練習或漫步之後，如果馬匹表現得很好，就請你獎勵牠一塊糖或是一根胡蘿蔔吧。牠們可愛吃呢！

進行馬術練習的場地叫馬術學校，那裏有設置了圍欄的訓練場地，土地由沙子或是其他柔軟的材料覆蓋。

訓練場地的周圍都配有馬廄，用來存放策騎的裝備，比如轡繩、馬鞍、汗墊、和轡頭。在上馬之前，你一定會用到它們。

要想使你的馬匹保持健康的身體和體型，你當然得好好地照顧牠。有一件事很重要，那就是在策騎之後，要為你的馬匹清理和刷毛，這能幫助你跟自己的馬匹建立友誼和互信的關係。其實，許多動物都很喜歡這個動作。

此外，每隔約四十天，你就要為馬匹更換馬蹄鐵，這樣牠走起路來就不會那麼累啦！

**貓頭鷹告訴你**

馬匹的種類有很多：有些很靈活，跑得也快，最適合跳躍；有些很結實，往往被用來幫助務農；還有一種叫矮種馬（pony），因為體型很小，最適合給孩子學習騎馬！

學會騎馬當然是件好事，無論是去郊遊、散步還是自由地馳騁，都愜意極啦！不過，你要知道，現時馬術也是一項運動，已經被列入奧林匹克運動會的比賽，說不定你曾經在電視裏看過馬術比賽節目呢。

奧運馬術比賽包括場地障礙賽、盛裝舞步賽和三項賽。在場地障礙賽，參賽選手必須和馬匹一起在限時內按照指定的路線，依次序逐一通過所有障礙物，例如橫杆、柵欄、水障，還有矮牆，才能完成比賽。這項比賽並不容易完成呢，因為當馬匹第二次在障礙前停下、跌倒或是選手從馬上摔落時，參賽者和馬匹都會被淘汰出局。

而盛裝舞步賽，騎手需要駕馭馬匹，引領牠完成一系列的舞步動作（就好像跳芭蕾舞一樣！），以此展示馬匹姿態的優美。

最後，三項賽也就是馬術運動的全能項目，包含了場地障礙賽、盛裝舞步賽和越野賽三個項目：第一項進行的是盛裝舞步賽，用來評估馬匹的訓練水平，需要馬匹完成各種高難度的動作；第二項是越野賽，在鄉間進行，馬匹需要跨越一系列自然障礙，比如土丘、樹籬、石牆、水池、水溝和被砍倒的樹幹等等；最後一項則是上面提到的場地障礙賽。

你是不是越來越好奇了呢？那還等什麼？快去馴馬場看看，然後騎上一匹馬匹，好好體驗在馬背上飛馳的奇妙感覺吧！

### 貓頭鷹告訴你

你知道嗎？原來，馬也可以幫助人們治療一些疾病呢！那就是「馬術治療」。醫學研究發現，騎馬除了可以幫助病人強化身體肌肉，還可以幫助於放鬆身心，克服心理障礙，加強自信心。

現在就讓我們回顧一下馬術運動有哪些重要的特徵。你懂得回答以下的問題嗎？說說看。

1 馬被用作運輸工具，幫助人類務農，還可以用來……

2 對馬來說，除了聽覺，還有哪一種感官也很重要呢？

3 馬匹的步法主要分四種，包括慢步、快步、跑步和……

4 在策騎前，馬匹需要戴上哪些裝備？

5 馬術練習是在哪裏進行的呢？

6 馬術三項賽包括了哪些項目呢？

# 詞彙解釋

**野蠻人入侵**

在一千五百多年前，北方一些殘忍又粗暴的民族南下佔領了羅馬帝國的領土。最著名的野蠻人也許要數匈奴王阿提拉。

**草食性動物**

以吃草這類植物為生的動物。馬是一種草食性動物，而人工飼養的馬匹則以牧草、胡蘿蔔、穀物和人工飼料等為食糧。

**轡頭**

一種套在馬匹頭部的繩革裝備，用來控制策騎方向，包括了扣在馬匹嘴巴的口鐵和韁繩。

**刷毛**

用刷子為馬匹清潔毛皮，去除污垢，使馬毛變得光滑發亮，同時還能按摩馬匹的身體，讓牠感覺更舒服。

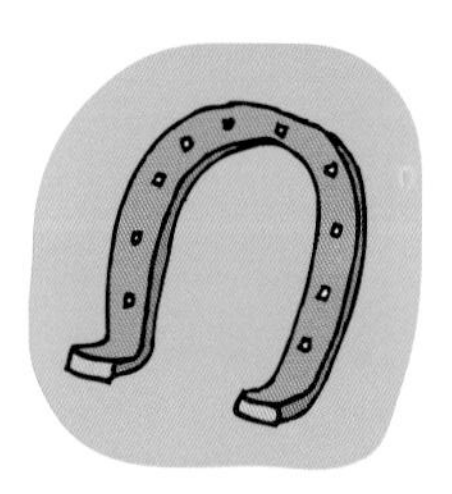

**馬蹄鐵**

一種U形金屬塊，形狀與馬蹄相似，釘在或粘在馬蹄上，有助防止馬蹄受傷。

**訓練**

騎手讓馬匹完成的一系列練習，目的是教會它做出優美的動作。

# 滑雪

請仔細觀察下面的圖片。你知道圖中的人物正在做什麼嗎？哈哈，你猜對啦！他正在滑雪！

風呼呼地吹起頭髮，冰涼的空氣刮過臉龐，還有一望無際的美景……這就是滑雪：活力四射，樂趣無窮！

你想知道有關這項運動的技巧和秘訣嗎？那就趕快跟隨我開始一段刺激的旅程吧！我們要去的地方，到處覆蓋着閃閃發亮的白色地毯……

你知道嗎，滑雪板可是人類最早使用的交通工具，比輪子還早！根據人們在西伯利亞和斯堪的納維亞半島的考古發現，早在大約四千年前，人類就已經開始使用類似滑雪板的工具，在冰天雪地中出行。在挪威的羅多伊島上，人們還發現岩石上刻着當地人腳踩滑雪板的圖案！

要說最厲害的滑雪健將，那就非拉普人莫屬了！早在約二千年前，他們就開始使用一種不對稱的、長而窄的滑雪板來滑雪：右腳下的滑雪板較長，左腳下的滑雪板則較短；滑雪板下面貼上了一張海豹皮，以減少摩擦力。直到一百多年前，拉普蘭德地區的人們還在使用這種特殊的交通工具呢。

羅多伊島上的岩石雕刻圖案

十九世紀時，挪威人組織了世界上最早的滑雪比賽。直到這時，滑雪才成為一項運動。

在意大利，滑雪運動於1897年才傳入。當時，一位名叫阿道夫·金德的工程師從瑞士旅行歸來。據說，當時有人看見他腳踩一對滑雪板（那時的人們把它叫做「ski」），臉頰通紅，白色的長鬍子隨風飄揚，整個人在雪地上一邊飛速下滑，一邊發出可怕的叫喊聲。

這項全新的運動吸引了不少探險家和遠足者嘗試。很快，他們就成立了意大利最早的滑雪愛好者俱樂部。

**貓頭鷹告訴你**

最早的滑雪板足足有3米長呢！初時，它只是簡單地以動物皮和我們的鞋子接起來的，幾乎沒有支撐力，所以很難操縱它進行轉彎和剎停。到了十九世紀末，奧地利的發明家茨達爾斯基將滑雪板的長度縮短到1.8米，還試驗了一百八十種不同的固定方式來幫助控制滑雪速度。

滑雪極受天氣和地區的限制。試想想，什麼時候聽說過滑雪比賽是在炎熱的非洲進行的呢？不過，在大多數被冬雪覆蓋的地區，這項運動都取得了巨大的成功。

你是否已經準備好投入到一場新的冒險中呢？

在開始之前，別忘了帶上所有必需的裝備。滑雪服、厚手套、圍巾和帽子都是重要的禦寒裝備；滑雪護目鏡也很重要，因為陽光照在雪地上，會反射出相當刺眼的光線，可能會傷害眼睛；接着，我們可以戴上彩色的頭盔來保護頭部，以及配上一雙結實的滑雪靴；滑雪板上有專門的固定器，把你的靴子固定在滑雪板上。最後別忘了拿上雪杖……好了，快向下衝啊！

要學好滑雪，你可以找一位教練，學習一些基本的技巧。在這裏我可以先告訴你一些基本的技巧。

**貓頭鷹**告訴你

上山索道裝置是五十多年前才誕生的發明。在那之前，滑雪者必須徒步或是踏着雪板登山爬坡。你能想像那有多累嗎？

如果你想加速，就需要使兩根滑雪板保持平衡；要想剎停或減速，你就必須把兩根滑雪板調成「八」字型，也就是前端靠攏，尾端分開。在轉彎時，請將雪杖插入雪地，這會幫助你保持平衡。

如果你經常摔倒，也不用害怕。要知道，雪很鬆軟，如果速度不快，應該不會對你造成損傷。不過，有兩點請你一定記住。第一：一定要順着雪道滑；第二：不要離其他滑雪者太近。

當你滑到坡底時，可以使用不同的裝置再次登山，例如吊椅、牽引式索道或是滑雪場纜車。

現在，你又一次到達山腰位置啦！好好享受眼前的這片美麗風光吧！當你做好準備後，就可以開始一場新的滑雪冒險啦！真是太刺激了！

你知道嗎？除了高速滑下坡，人們還有許多其他有趣的滑雪方式呢。讓我們一起來看看吧！

如果使用一種細長的特殊滑雪板，你可以在樹林和山谷中進行越野滑雪。其實，這就好比是踏着雪板散步，會帶給你無窮的樂趣。

越野滑雪也是在雪道上進行的，不過這種雪道類似林間小道，而且痕跡很深，比汽車在泥土中留下的車輪痕跡還要深。要想前進，你就必須依次擺動雙臂和雙腿——就和走路時一樣。是不是很有意思呢？

不可否認，這種方式會更累些。不過，千萬不要放棄！當你到達終點的時候，會有溫馨的滑雪屋等待着你，裏面有熱乎乎的飲料，香噴噴的玉米糊，還有能使你迅速恢復能量的甜點！

越野滑雪

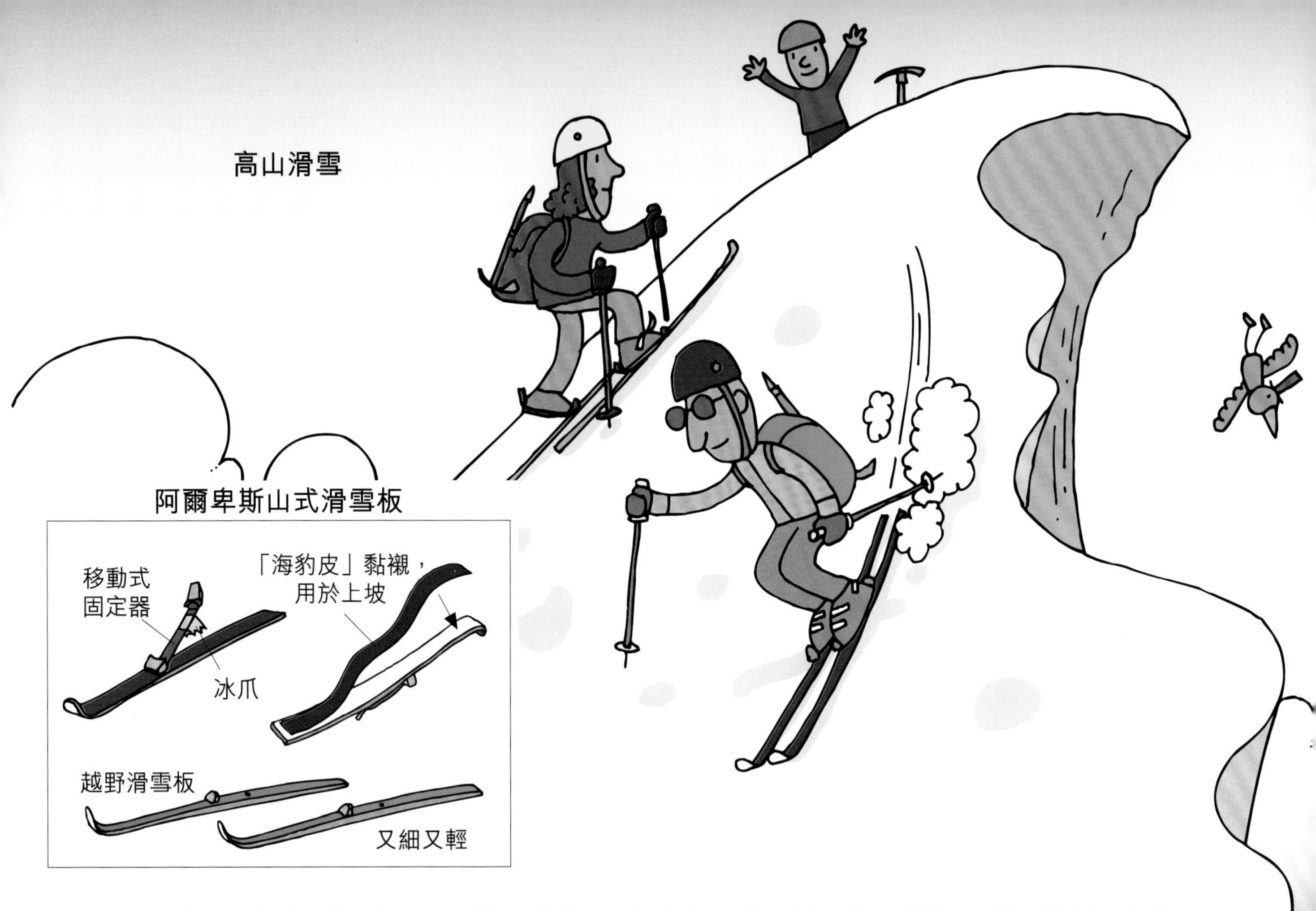


為了探索人跡罕至的區域，高山運動愛好者和滑雪能手們還發明了阿爾卑斯山式滑雪。他們總結出了許多技巧，可以進行雪道外滑雪。當然，他們使用的滑雪板也比較特殊。

此外，為了方便使用滑雪板爬坡，在這種滑雪板上裝有移動式的固定器，下面還黏有海豹皮，可以減少摩擦力。

阿爾卑斯山式滑雪非常刺激：你不僅能欣賞到壯美的高山風光，還會覺得自己和大自然融為一體了！

**貓頭鷹告訴你**

你知道嗎？有些滑雪運動員乘着滑雪板，飛躍到半空中呢！他們先是沿着跳台（類似於大型滑梯）迅速下滑，然後縱身騰入空中，並想辦法在最遠的地方着陸。看起來就像是在飛翔！

滑雪比賽分為幾個項目，在高山滑雪中，也可細分為小回轉和大回轉，而這兩種比賽的場地都在陡峭的雪道上進行，其中一部分是彎道，一部分是直道，難度很高。

在小回轉比賽中，賽道上設有紅色和藍色的定位杆，選手必須以Z字型的路線快速穿越定位杆所形成的門；在小回轉比賽中，彎與彎之間的距離很接近，選手必須通過所有的門。為了盡量減少繞彎的距離，選手必須貼着定位杆滑行，所以會經常撞到雙手、雙腿甚至是臉部。正因如此，他們必須戴上堅固的滑雪護目鏡和厚實的手套。

在大回轉比賽中，雪道更長，定位杆之間的距離更長，所以彎道更少。誰的速度最快，使用時間最少，誰就是獲勝者。

高山速降是另一項精彩刺激的競速滑雪比賽。比賽中，選手的速度能夠達到每小時250公里，都跟一輛跑車的車速差不多快呢！

滑雪的好處可多啦！首先，滑雪這種運動不太難學會。其次，它是一項戶外運動，能使我們和大自然進行親密的接觸，無論是在樹林裏還是在雪山上，你都能欣賞到美麗迷人的風光。最後，它還適合大家一起玩，能讓你在家人或是朋友的陪伴下度過美好的一天。

所以，你還在等什麼呢？趕快讓爸爸媽媽帶你去滑雪，好好體驗一下滑雪帶給你的刺激感覺吧！

**貓頭鷹告訴你**

如今，單板滑雪也成了一項十分流行的運動。在單板滑雪中，選手使用的是一塊滑雪板，而不是一雙滑雪板。滑雪板由木頭和玻璃纖維製成，配有專門的固定器。踩上單板在雪地上滑行並跳躍，這樣的感覺同樣奇妙！

現在就讓我們回顧一下滑雪運動有哪些重要的特徵。你懂得回答以下的問題嗎？說說看。

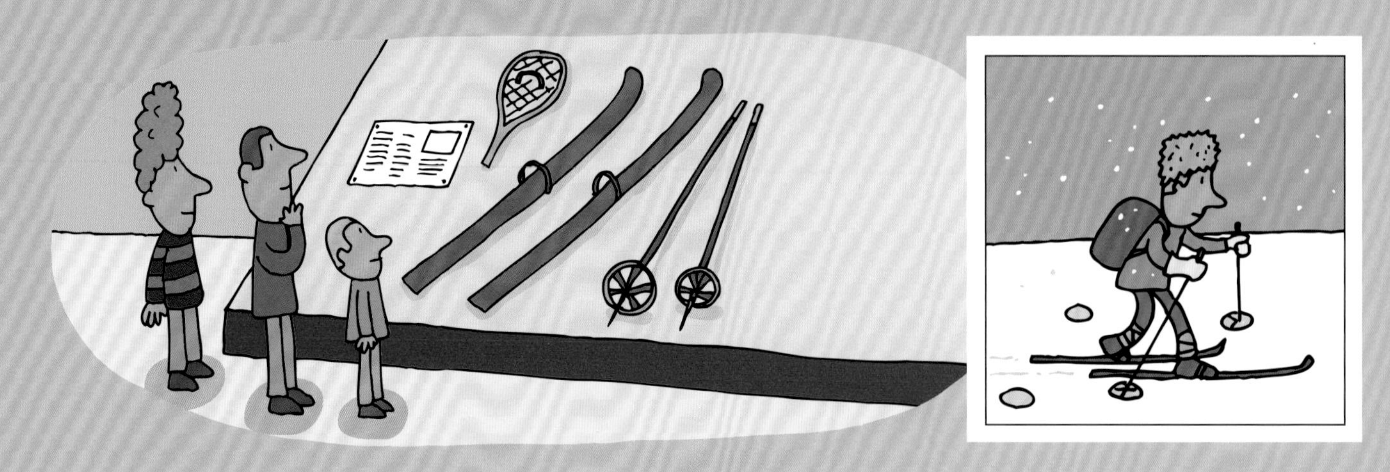

1 在很久以前，人們用滑雪板來做什麼呢？

2 滑雪時，除了用上滑雪板、雪靴，還要用什麼裝備來控制速度呢？

3 初學者應該找誰來幫助學習滑雪技術呢？

4 要登山滑雪，你可以乘坐吊椅、纜車，還有……

5 除了自由式滑雪，還有越野滑雪，以及……

6 滑雪不止是一種娛樂活動，還是……

# 詞彙解釋

**滑雪護目鏡**

滑雪時用來保護眼睛的眼鏡，可避免雙眼被雪地上反射的陽光刺傷，並減低風雪遮擋視線的情況。

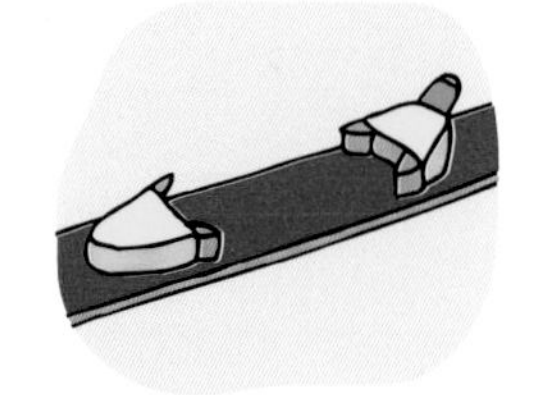

**固定器**

在一種特殊的鈎子，分前後兩部分，能夠將滑雪靴鎖在滑雪板上。

**雪道**

雪地上經過專人管理，以雪地履帶車壓出平滑的斜面道徑，讓人可安全滑行。

**纜車**

一種登山裝置，主體部分是由鋼絲繩牽引的車廂。

**滑雪屋**

用石頭或木頭搭起的小型建築，主要出現在高山地區，用來存放工具，也是牧民和遊客休息的地方。

**雪道外滑雪**

在雪道以外，積雪沒被壓實的地方進行滑雪。

# 足球

請仔細觀察下面的圖片。你知道這項運動叫什麼名字嗎？

沒錯，正是足球！相信你曾經在電視上看見過這種比賽了，說不定還和小伙伴們一起踢過呢！

不過，你也許不知道，足球是一項相當古老的運動，也是世界上最流行的運動之一。

你想知道足球是怎樣誕生的嗎？它又有哪些規則呢？現在就請你趕快翻到下一頁去，跟我一起探索有關這項運動的更多趣聞吧！

足球是一項十分古老的運動，在中國、日本、墨西哥、古希臘、古羅馬和埃及都曾經出現類似的球類遊戲。早在約二千五百年前，中國人就已經在玩一種名為「蹴鞠」的遊戲了。「蹴鞠」的字面意思是踢皮球，也就是用動物皮做成的球。2004年，國際足球協會公開確認了足球運動源於中國。不過，我們今天所熟悉的現代足球運動，其實是由英國人推動並發揚光大的。

起初，在十四世紀時，英國的足球運動並沒有特定的規則，過程粗暴，常常引發打鬥，因而一度被禁止。直至1840年，足球運動才被引進校園，成為了大學生的課餘運動。但是，當時不同的大學，足球的玩法也不一樣，有些學校規定只能用腳踢球，有些就允許用手觸球。於是，每當兩間院校的學生一起踢足球時，常常會引發爭吵。1845年，大學生們決議比賽中不得用手觸球。到了1848年，劍橋大學的學生制定了《劍橋規則》，這成為了現代足球比賽規則的雛型。

蹴鞠

1863年，英國人在倫敦成立了世界上第一個足球總會——英格蘭足球總會，他們制定了世界第一套較為統一的足球競賽規則，並開始組織聯賽。從那時起，足球運動就開始在世界各地普及開來。

至於意大利足球運動的發展，就全賴一位名叫愛德華多·博西奧（Edoardo Bosio）的意大利人。他任職於英國一間紡織公司，由於工作關係，經常到英國，因而有機會接觸當地的足球運動。他帶了幾個足球回國，決心把足球運動帶到意大利。1891年，他在家鄉都靈市成立了意大利最早的足球俱樂部：都靈國際足球俱樂部。大家爭相學習這項新興的運動，在短短幾年的時間裏，足球就已變得非常流行。1898年5月8日，意大利的第一屆足球錦標賽在都靈舉行。這屆比賽只持續了短短一天，參賽的球隊也只有四支。雖然有三支隊伍來自都靈，但最終獲得冠軍的卻是熱那亞的球隊。

**貓頭鷹告訴你**

你知道足球是怎樣在南美流行起來的嗎？當時，來自英國的水手們閒來無事，就在阿根廷和巴西的沙灘上踢起了球。看着看着，巴西人和阿根廷人居然學會了這項運動，而且還成為了佼佼者呢！

在今天，全世界的球迷數量已經達到幾千萬，他們每周都在體育場或是電視上觀看足球比賽。

一場足球比賽由兩支隊伍參加，每支隊伍由十一人組成，需要設法把球踢進對方的球門。不用說，最後獲勝的當然是進球更多的那支隊伍！比賽場地是一塊長方形的草坪，標準長度為90至120米，寬度為45至90米。如果你曾經看見過足球場，那麼你一定已經發現：場地上標有許多白色的線條（就像下面的圖片），每根線條都有特定的含義和名稱。在場地的兩端分別設有兩個球門，由守門員把守。當對方射球進攻時，守門員負責在皮球飛過球門線之前將它攔下。一場足球比賽限時九十分鐘，分為上、下半場，各四十五分鐘，中場休息十五分鐘，兩隊在休息後必須交換場地比賽。在九十分鐘的時間裏，雙方你爭我奪，場面十分精彩！

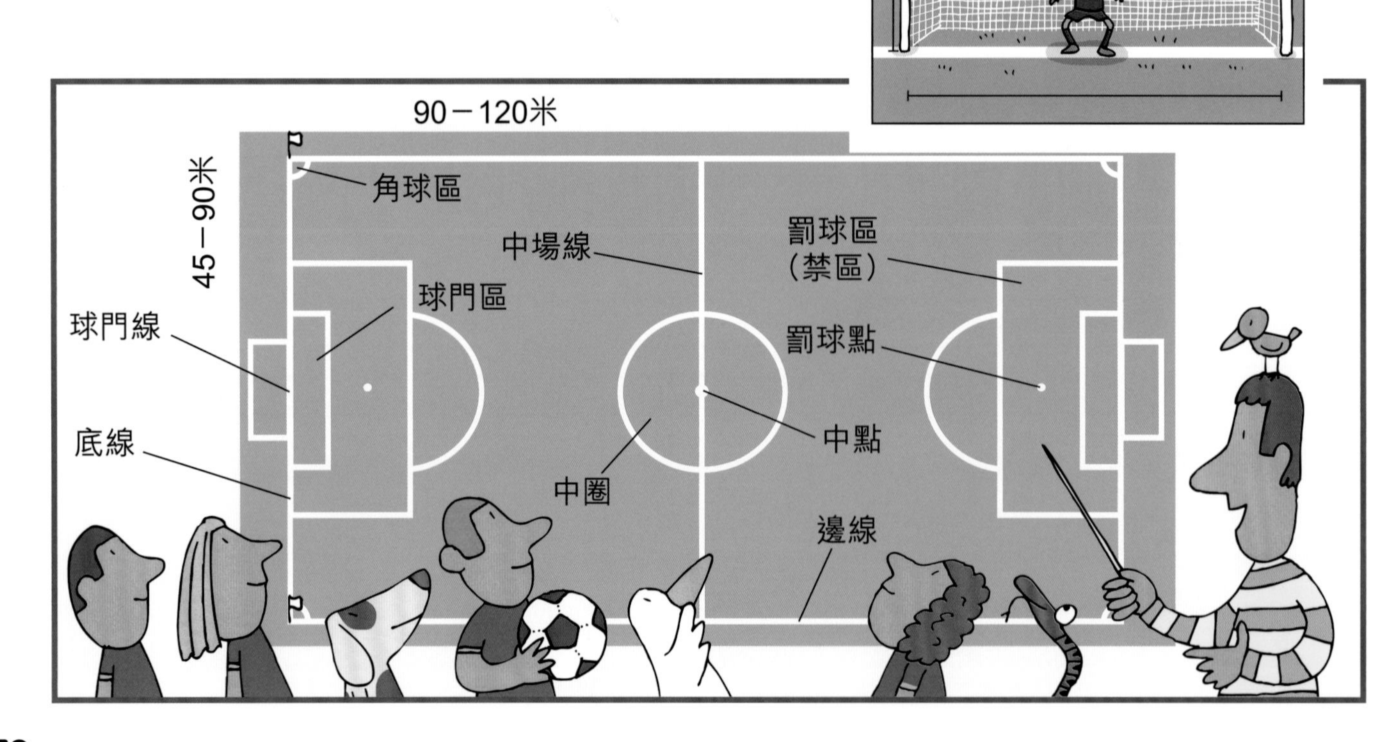

不過，要想進球可沒那麼容易，因為足球比賽設有一系列嚴格的規定。首先，除了守門員之外，其他球員都不能用手或手臂觸球。但即使是守門員，也只能在罰球區內這樣做。其次，所有球員都必須遵守規則。如果有一方的運動員犯規，那麼主裁判就會判給對方球隊射自由球的機會。如果是嚴重犯規，裁判員還會出示黃牌進行警告，甚至直接出示紅牌將運動員罰出場外。另外，如果犯規發生在罰球區內，那麼裁判員還可以給對方球隊判罰點球。

**貓頭鷹告訴你**

意大利語「GOL」，意思是「進球」。其實「進球」這個詞來自英語「goal」，意思是「目的，目標」。除了足球之外，在曲棍球、橄欖球（更多的是用「達陣」）和手球中，也同樣使用這個詞語。

你想了解更多有關足球的更多知識嗎？那我們就從近距離好好看一場足球比賽吧！

在比賽開始前，兩支球隊的隊長會在場地中央握手致意，並通過投擲硬幣來決定誰先開球。接着，雙方隊員會按照各自的陣型站好位置，分成前鋒、中場和後衛。教練會決定派誰上場，又擔任什麼樣的角色。

最常見的陣型是4－4－2，也就是4名後衛，4名中場以及2名前鋒。每個角色都有各自明確的任務：後衛需要在皮球靠近球門前進行搶截，然後把球傳給本方的中場。而中場球員，需要把球帶到對方的半場，幫助前鋒進攻。他們往往是比賽中跑步距離最長的球員，所以需要良好的耐力。至於前鋒，無論是跑步速度還是射門的反應速度，都是最快的。

看到了吧，足球是一項團體運動，球員之間需要培養默契，團結協作。只有這樣，才有可能取得最終的勝利。

主裁判吹響了比賽開始的哨聲！控球的一方已經開始發動進攻啦！經過中場隊員的傳球，現在皮球已經到達了前鋒隊員的腳下。只見他迅速帶球閃過對方後衛，凌空一腳踢向球門……進球了！

**貓頭鷹告訴你**

足球歷史上最優秀的守門員是一名前蘇聯運動員，名叫列夫．雅辛（Lev Yashin）。他憑着出色的撲救技術，於1963年獲得歐洲足球先生「金球獎」，是至今唯一獲此殊榮的守門員；2000年，他更被國際足聯評為「世紀最佳守門員」。

對於職業球員來說，踢球可是一項辛苦的工作。為了保持體能並提高技術，他們每天都得進行訓練。當然，在知名球隊裏踢球的隊員，也許能成為享譽世界的明星。在意大利，「意甲聯賽」的各支球隊代表了國內的最高水平，每周都要參加一場比賽。各個國家最優秀的球隊可以參加洲際或國際比賽。比如在歐洲，就有「歐洲冠軍聯賽」和「歐洲聯盟盃」。

每個國家最優秀的球員可以獲得在國家隊踢球的榮譽，而每四年就會有三十二支國家隊會師「世界盃」。這是一項重要的國際大賽，每次都會吸引世界各地不計其數的觀眾。

意大利國家足球隊是世界著名的足球勁旅之一，曾贏得四屆世界盃冠軍，僅次於巴西。相信你曾經透過電視轉播，看過球隊在世界盃奪冠時那種激動人心的場面吧！

　　不過，可別以為只有職業球員才能踢球，你也可以一起踢球啊！只需要一個皮球，一雙運動鞋，一塊草地，一羣好伙伴，還有想一起奔跑的願望就足夠啦！就算是世界足球明星，也是從一所足球學校開始的：他們一邊和朋友玩耍，一邊學習足球的規則和技術。如果你也喜歡這項運動，不妨去參加足球訓練吧……說不定在哪一天你也會成為一名優秀的職業球員，去歐洲的足球勁旅效力呢！不試試怎麼知道？

### 貓頭鷹告訴你

　　要說歷史上最偉大的球員，那就非比利（Pelé）莫屬了！他在17歲時憑着驚人的速度和精準的射球技術，成為了家喻戶曉的足球明星。後來，比利更多次代表巴西國家隊出戰，並成為三次為國家奪得世界盃的球員，創下了輝煌的成績。國際足球總會更評選比利為「世紀足球先生」，稱為「球王」。他在職業生涯裏，一共踢進過1,281個球！

現在就讓我們回顧一下足球運動有哪些重要的特徵。你懂得回答以下的問題嗎？說說看。

1 現代足球運動規則在哪個國家誕生？

2 在足球隊中，那個運動員負責在球門前救球？

3 如果球員在比賽中用手觸球，裁判會作出什麼行動呢？

## ❹ 在足球隊中，哪個運動員負責射門呢？

## ❺ 歐洲有哪些著名的足球比賽呢？

## ❻ 如果你想成為一位職業足球員，你可以怎樣做呢？

# 詞彙解釋

**主裁判**

比賽官員，負責監督雙方球員是否遵守規則；一旦球員出現犯規或惡意行為時，可以通過鳴哨子示意警告，並出示黃牌或紅牌作出警告和判罰。

**自由球**

當甲方球員故意犯規（例如故意絆跌乙方球員）乙方球員便會獲得射自由球的機會。乙方球員可在對方犯規的地點進行射門直接得分。

**警告**

對犯規球員發出通知。第一次出示黃牌，如果同一個球員出現第二次嚴重犯規，則會被出示紅牌，罰出場外。

**點球**

當甲方球員在禁區內故意犯規時，乙方球員就會獲判罰點球，即在距離球門十二碼的固定位置射門，而甲方球隊只有守門員可以進行防守，所以又稱「十二碼」。

**教練**

是一個經驗豐富的專業運動員，負責帶領足球隊，並訓練球員學習各種比賽陣型和戰術。

**帶球**

球員一邊控球，一邊越過對方防守隊員時，所採取的一系列技巧。

# 排球

圖片裏有十二名隊員，一個皮球，在一個長方形的場地，中間隔着一張網。

你知道這是什麼運動嗎？沒錯！它叫「排球」，是現今世界上相當流行的一項球類運動。

你想知道是誰發明了這項運動嗎？它又有哪些規則呢？想知道關於它的一切，就趕快和我開始一場穿越歷史的旅行，一起回到那個古老的年代去探索這項運動的起源吧！

你能想像嗎？早在近三千年前，在荷馬史詩《奧德賽》中就出現了類似排球這項運動的記載。不過，它更像是一種舞蹈，而不是體育鍛煉。

大約二千年前，古羅馬人為了保持體形，也常常圍成一圈，將一個充了氣的圓球拋向空中，彼此間相互傳遞。他們可算得上是排球運動的古老祖先了！

不過，我們今天所熟悉的排球比賽，其實是於1895年在美國誕生。

當時，有一位威廉．摩根（William Morgan）的年輕體育老師，他是美國麻省霍利約克城基督教青年會幹事，發明了一種結合了籃球和網球運動特徵的室內遊戲，稱為「Mintonette」（意思是小網子）。它和當時流行的運動完全不同，並不要求身體的接觸。比起力量，它更需要迅速的反應和敏捷的動作。所以，「Mintonette」並不需要身材魁梧的運動員，而是那些靈活、敏捷並具有出色彈跳力的人。幾年後，它被改稱為「Volleyball」（這是取自「volleying」，即空中截擊的意思），並很快風靡全球。

**貓頭鷹**告訴你

「Mintonette」這個詞語意思是「小網子」，相傳是約四百年前法國貴族常玩的球類遊戲名稱。

你有沒有試過在近距離參觀排球場呢？

排球場長18米，寬9米，有一條中線將它分成大小相同的兩個半場。球網拉在中線的上方。男子排球的球網高度是2.43米，女子的則是2.24米。如果你站到球網下方，然後舉起手臂，你只能摸到它的底端！

一場排球比賽由兩支隊伍參加，每隊六人，各自站在本方半場。其中三名隊員站在進攻區內（靠近球網的區域），另外三名則位於防守區（靠近底線的區域）。

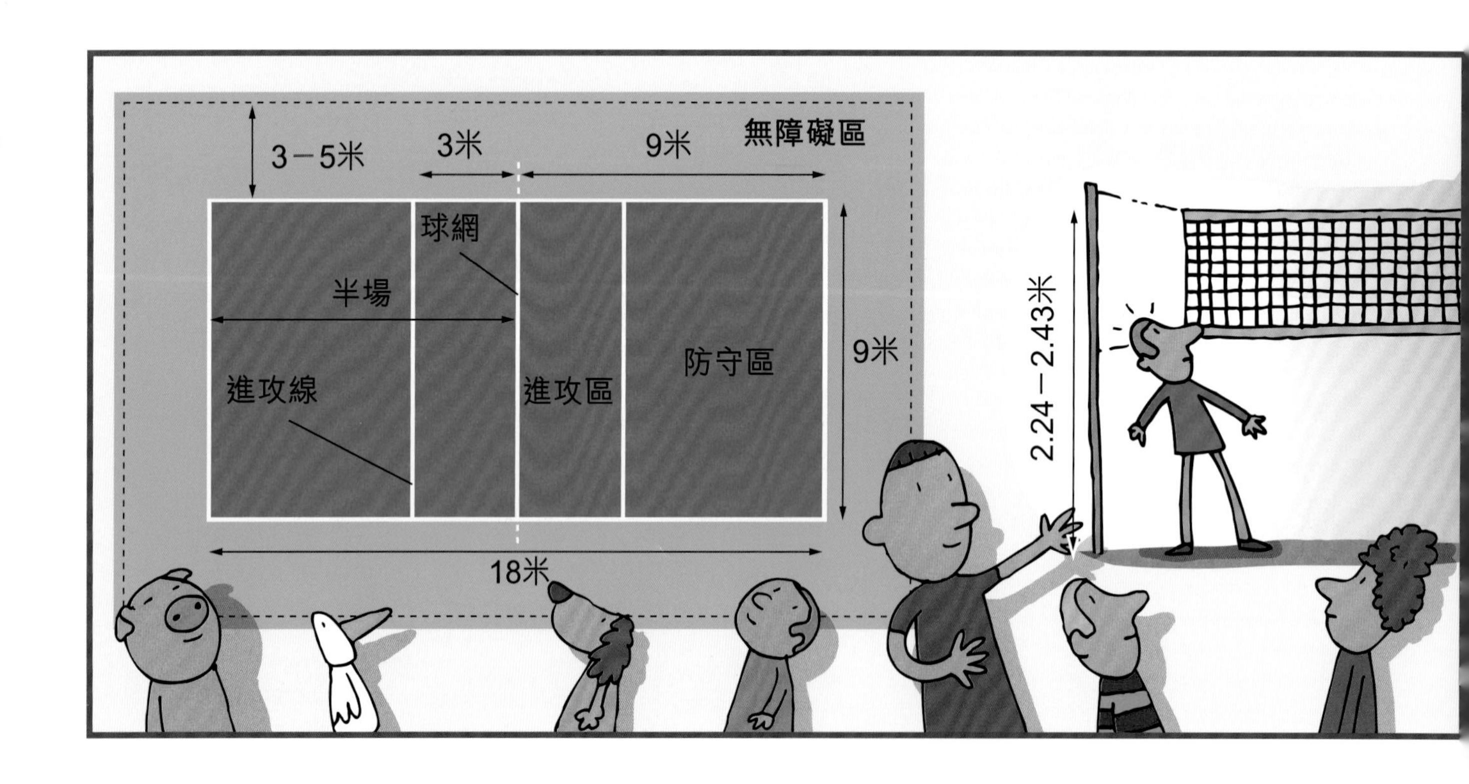


好啦！現在比賽可以開始了。球員需要做的，是把球傳到對方半場，使對手沒法阻止皮球落地，或是沒法將球擊回。如果成功做到這一點，就能取得一分。

排球比賽用球

最先取得二十五分的隊伍，就能贏得一局。一場比賽最多進行五局，最先贏得三局的隊伍就是比賽的勝利者。

排球運動有它的基本動作和規則。例如，在擊球時，你不能觸碰球網，身體的任何部位也不能越過中線。此外，你不能連續擊球兩次，也不能讓球停留在你手中。每隊最多觸球三次，在第三次時，就得將球擊到對方半場。

排球比賽的進程很快，所以你必須一直保持高度集中的注意力。

**貓頭鷹告訴你**

最近幾年，排球比賽引入了一些新奇的規則，例如可以用腳觸球。這在過去可是難以想像的呢！

排球比賽的觀賞性也很強。如果你夠細心，就能區分出比賽中各個不同的階段。

在比賽剛開始時，發球球員會用一隻手拋起皮球，然後用另一隻手擊球，使皮球擲出到對方場地。有些球員會一邊跳躍，一邊以扣球式發球，因為擊打的力量很大，速度又很快，所以對手往往很難接起！這就是Ace球，即是一個好球，成功以發球直接得分啦！

除了發球，還有一個動作也十分精彩，那就是扣球。什麼是扣球呢？當二傳手把球傳遞給球網前的一名隊員時，這名隊員就會高高跳起，重重地將皮球擊過球網。

為了應付扣球，在網前的對方球員可以進行「攔網」：也就是一名或多名隊員同時跳起，並高高舉起手臂，形成一道圍牆，把球給擋回去。如果沒法進行攔網，那麼防守隊員接球把球救起後，再組織攻勢。

每當一支球隊獲得發球權，球員就必須按照順時針的方向轉換位置。所以，排球運動員要學的東西可多了：當他的位置在底線的時候，他就需要發球，在網前的時候需要扣球，在後場區的時候又需要救球。一點兒也不簡單，是不是？

### 貓頭鷹告訴你

1999年，國際排球總會正式把「自由球員」（又稱自由人）列入比賽規則的條文中。在球賽中，自由球員只能擔任後排防守的角色，不得進行發球或上前攔網。自由球員可以和任何一位後排球員交換上場，而且球衣的顏色必須與其他球員明顯不同。

許多年以來，排球被視為一種娛樂活動，後來，它漸漸成為了一種體育項目，在世界各地越來越普及，於1964年更成為了奧運項目。到了今天，它的地位幾乎已經和足球不相上下了！

和許多其他的運動項目一樣，排球也有自己的比賽服裝。在參加正式比賽時，所有球員都得穿上符合要求的服裝：一件標有號碼的球衣和一條短褲。有時，他們在比賽中還需要戴上護膝以避免受傷。

你知道嗎？當排球流行到一定程度後，還衍生出了一種可以在沙灘上進行的運動！它叫「beach-volley」，也就是「沙灘排球」。

要參加這項運動，你只需要一頂帽子，一副太陽眼鏡，一套泳衣，還有……在沙灘上奔跑的願望！

男子排球比賽制服

你知道為什麼會有這麼多人喜愛排球嗎？因為它是一項簡單易學的運動，能夠給人帶來好心情，而且無論男孩、女孩，無論是在學校、公園還是體育館，都可以進行。只需要一個皮球，一張球網或者只是一根繩子，一塊空地，還有幾個伙伴，你就能享受到一場精彩的比賽！不過，請你記住，排球是一項團體運動，所以你一定要幫助並信任你的隊友！

### 貓頭鷹告訴你

意大利男子排球隊是世界上最強的隊伍之一。他們曾經獲得多個國際比賽的冠軍，包括世界排球聯賽、世界盃、世界排球錦標賽等。可是，多年以來，他們卻從來沒有贏得過奧運會的金牌，真可惜呢！

現在就讓我們回顧一下排球運動有哪些重要的特徵。你懂得回答以下的問題嗎？說說看。

1 類似排球的遊戲，最早是由誰發明的呢？

2 現代排球運動是在哪個國家誕生的呢？

3 比賽時，球員們的位置並不是固定的，他們需要……

❹ 除了扣球進攻，選手可以怎樣直接得分呢？

❺ 在網前的排球選手可以怎樣進行防守呢？

❻ 除了公園和體育館，排球比賽還可以在哪裏舉行呢？

# 詞彙解釋

**《奧德賽》**

古希臘作家荷馬的史詩作品，講述希臘英雄奧德修斯的歷險故事。

**局**

排球比賽採取直接得分，五局三勝制，即是先取三局勝利的隊伍就能勝出。其中，首四局進行二十五分制，第五局則是十五分制。

**基本動作**

排球比賽的基礎技術姿勢，比如發球、傳球、接球、扣球和攔網。

**二傳手**

負責將球升高，幫助隊友發動進攻。

**接球**

接球時，球員要先作半蹲的動作，降低身體的重心，雙手手掌靠在一起重疊，以雙手前臂接球，然後雙臂向上提擊球。

**奧運項目**

指奧林匹克運動會的比賽項目。國際奧林匹克運動會委員會每年都會為所有的奧運比賽進行評估和投票選舉，以選出奧運會的競技項目。

# 籃球

請仔細觀察下面的圖片。你知道這是什麼運動項目嗎？

它叫「籃球」，是世界上最流行的運動之一。

你想知道是誰發明了籃球，又是哪些人成為了最厲害的籃球選手嗎？那就請你跟隨我一起回到2,000年前的美洲，開始一段精彩的旅程吧！

要說籃球的祖先，那就不得不提到瑪雅人和阿茲特克人特別愛玩的一種遊戲——回力球。參加比賽的隊伍由兩名以上球員組成。在長方形的比賽場地上，兩邊各有一面牆，牆的中央高處裝有一個石環。比賽的道具呢，是一個用橡膠製成的球，它的重量可不輕啊！球員們需要做的，就是想辦法讓球穿過石環。不過，他們只能使用腰部、手肘和膝蓋去擊球！

比賽中的對抗很激烈，所以球員們必須戴上頭盔、護腰和手套來保護自己。

勝利者會被當作英雄一樣崇拜，還能收到很多很多的財寶；失敗者可就慘了，往往會被用來祭神。

不過，這樣暴力的遊戲，和我們今天所認識的籃球運動的雛型，其實有着很大的差別……

現代籃球運動誕生於1891年。那年冬天，斯普林菲爾德學院的學生簡直無聊極了。窗外冰天雪地，他們根本沒法外出活動。這時，一位名叫詹姆士．奈史密夫（James Naismith）的年輕體育老師突然意識到，需要發明一種可以在室內進行的遊戲，這樣才能把學生們聚集到一起，繼續鍛煉。他想啊想，簡直絞盡了腦汁。有一天，當他把草稿紙揉成一團投進垃圾箱的時候，突然靈光一閃！這樣把球投進對手的籃子，既要靈敏，又要準確！這不就是他為了學生而苦苦思索的趣味遊戲嗎？於是，就因為他這個的想法，籃球這項全新的運動就在一夜之間誕生了。

**貓頭鷹**告訴你

最早期的籃球比賽使用水果籃作為籃筐。因為水果籃的底部沒有洞，所以每次都需要人爬上梯子把球從水果籃裏拿出來。那是有多麻煩呀！

在短短幾年的時間裏，籃球就成了風靡世界各地的運動。在許多歐洲國家，參與籃球運動的人數僅次於足球。

今天，職業的籃球比賽主要在室內的籃球場舉行。

籃球場是一個長方形的場地，國際籃球標準場地長28米，寬15米。場地兩端各設有兩個籃框，距離地面3.05米，分別由兩支球隊進行「保護」。籃球比賽由兩隊球隊對壘，每支球隊由十二名球員組成，包括一名隊長。比賽時間內，每隊有五名球員在場上比賽，另五名則是替補球員，也就是在正選球員感覺疲勞或是受傷時代替他們上場。每場比賽分為四節，每節十分鐘，沒有限制每位球員的出場時間。

光知道這些當然不夠。我們還得好好了解一下具體的規則。

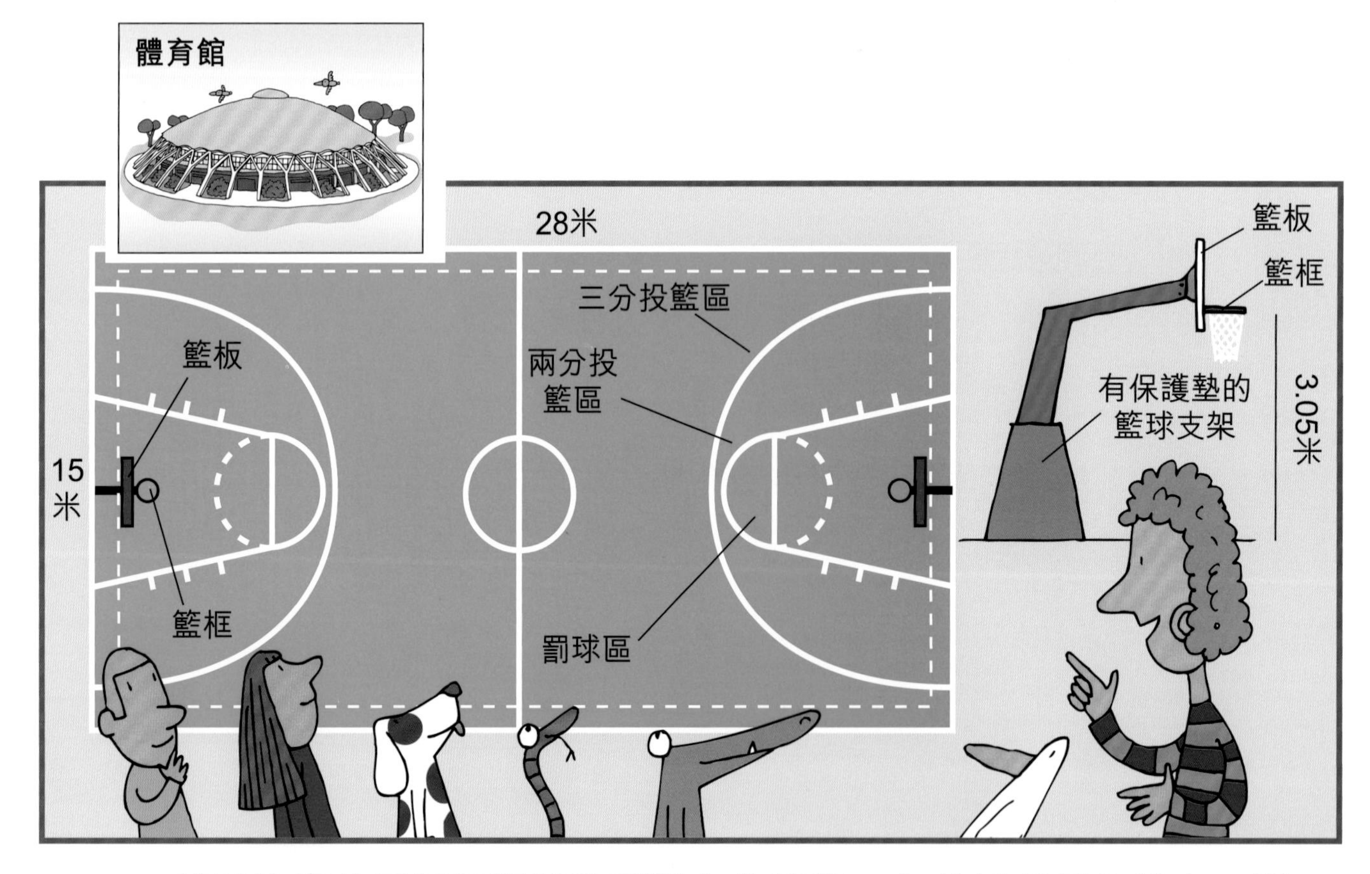


籃球比賽的目標是將球投到對方的籃框，次數越多得分越高，還要計分數，最後得分較多的一隊獲勝。聽起來是不是很簡單呢？

可是有一條規則你千萬要記住，那就是當你手裏拿球時，你得一邊運球，一邊移動。一旦你停了下來，就只有一隻腳能夠移動，而另一隻腳絕不可以離開地面。這時，你有兩種選擇：或者把球傳給隊友，或者直接投籃。

如果你的對手犯規了，那麼你就能得到兩次罰球機會，也就是說，你可以站在一條規定的線前，在沒有任何人阻擋的情況下進行投籃。

來吧！趕快瞄準籃框，集中精神，然後……出手投籃！

根據投籃的難度，你將能得到一分，兩分或是三分。比賽結束時，分數較高的一隊自然就是勝利者啦。如果雙方的分數一樣，就要進行加時賽，直到決出勝負。

**貓頭鷹告訴你**

籃球的主要材料是橡膠或是粗糙的皮革，這樣，即使球員的手因為流汗而變得濕滑，他們也能輕鬆抓住籃球。

你還想了解更多有關籃球的知識嗎？那就跟我去現場看看吧！

在比賽開始的時候，雙方需要各派一名隊員來到中線前，面對面站立。接着，裁判會將籃球拋向高處，兩名隊員則需要跳起搶球，然後將球撥給隊友。

接着，控球的一方將發動進攻，另一方呢，則會退回到自己的半場進行防守，保護籃框。最常見的防守方法是「人盯人」，也就是每名隊員負責防守對方的一名隊員。

在上半場比賽結束的時候，會有十五分鐘休息的時間。當下半場比賽開始時，雙方需要交換場地。

和其他比賽一樣，籃球比賽也有裁判，確切地說，是三名裁判。此外，在記錄台，其中一人負責記分，兩人負責用秒表計時。

也許你還不知道每位球員的具體分工吧？

運球技術最好的是控球後衛，也是進攻組織者（playmaker）。這個位置的球員觀察力敏銳，而且往往也是全隊中身材最矮小的隊員，因為他們需要敏捷地穿過對手的防線，並組織全隊的進攻。後衛負責防守，兩名前鋒則需要全面的技術，哪裏都少不了他們。最後是中鋒——一般由隊中最高的人擔任，也是整個籃球場上真正的巨人。中鋒的主要任務是搶奪籃板球和投籃。雖然大家的角色都不一樣，可是要打好一場比賽，每個人都十分重要！

**貓頭鷹告訴你**

有史以來最高的籃球運動員是一名利比亞人，名叫阿里·蘇萊曼（Ali Suleiman），身高足有243厘米！不過，可別以為只有巨人才能投籃，小個子也可以呢！比如蒂尼·博格斯（Tyrone Bogues），他的身高只有158厘米，也同樣獲得了1986年的世界冠軍！

籃球運動在美國相當流行，而那裏每年都會舉行全世界最重要的籃球比賽——NBA。1992年，美國人還組成了歷史上最強的一支隊伍：「夢之隊」。「夢之隊」的成員都是有史以來最優秀的籃球隊員，比如米高．佐敦（Michael Jordan）、「魔術手莊遜」（Earvin "Magic" Johnson Jr.），以及拉里．伯德（Larry Bird）。

在意大利，籃球是在最近五十年才開始流行起來的。不過，意大利男子國家隊的成長速度相當驚人，曾兩次獲得歐洲錦標賽的冠軍，兩次獲得奧運會比賽的銀牌！

還有一件有趣的事：參加意大利國內聯賽的一些球隊，它們的制服很特別。這是因為，制服上印着的，並不是球隊所在城市的名字，而是贊助球隊的企業的名字。而每支足球隊伍都有自己特殊的隊服，無論是顏色還是標誌都有鮮明的特徵。

不過，並不只有偉大的球員才可以打籃球。可別忘了，籃球從一開始就是一項簡單易學的運動，而且適合所有人，無論是男孩還是女孩。如果你去自己生活的城市街上走走，就能發現有許多孩子和年輕人聚集在公園裏或是小操場上，一起訓練，一起比賽。

所以，你還在等什麼呢？趕快召集一羣小伙伴，然後分成兩隊。這不就能開始比賽了嗎？你們也可以像那些天才球員一樣，好好體驗一下刺激的感覺！祝你們玩得開心！

**貓頭鷹告訴你**

扣籃是籃球球員的一個標誌性動作，那就是指球員高高跳起，然後把球砸進籃框。在職業籃球的賽事中，有不少球星為了使動作顯得更加霸氣，他們會短暫地抓着籃框，把整個人掛在籃框下，例如：被喻為「空中飛人」的米高·佐敦就經常這樣扣籃！

現在就讓我們回顧一下籃球運動有哪些重要的特徵。你懂得回答以下的問題嗎？說說看。

1 在古老的回力球比賽中，球員需要把球投進什麼地方呢？

2 籃球比賽是以什麼方式開始的呢？

3 如果對手犯規，裁判可以判罰……

4 防守的方式有很多，最常見的一種是……

5 在一支球隊中，哪個位置的球員最會控球，而且擁有敏銳的觀察力？

6 除了體育館和公園，人們還可以在哪裏打籃球呢？

# 詞彙解釋

**瑪雅人和阿茲特克人**

大約三年多年前居住在中美洲的民族。

**籃框**

源自英語「basket」，也就是「籃子」的意思。它是一個固定在籃板上的鐵環，下面掛着籃網，球穿過籃網後，會直接落下。

**運球**

用左手或右手單手連續拍按皮球、使皮球從地面反彈的技術。

**犯規**

比賽中不符合規則的行動，例如推人或拉扯對手都算犯規。

**國家隊**

由一個國家最優秀的球員所組成的隊伍。

**贊助**

指商業機構為籃球隊提供資金，以此換取廣告，宣傳商業品牌。